基礎から学ぶ
半導体電子デバイス

大谷 直毅 [著]

Introduction to
Semiconductor
Electronic Devices

森北出版株式会社

●本書のサポート情報を当社Webサイトに掲載する場合があります．
下記のURLにアクセスし，サポートの案内をご覧ください．

https://www.morikita.co.jp/support/

●本書の内容に関するご質問は，森北出版 出版部「(書名を明記)」係宛
に書面にて，もしくは下記のe-mailアドレスまでお願いします．なお，
電話でのご質問には応じかねますので，あらかじめご了承ください．

editor@morikita.co.jp

●本書により得られた情報の使用から生じるいかなる損害についても，
当社および本書の著者は責任を負わないものとします．

■本書に記載している製品名，商標および登録商標は，各権利者に帰属
します．

■本書を無断で複写複製（電子化を含む）することは，著作権法上での
例外を除き，禁じられています．複写される場合は，そのつど事前に
(一社)出版者著作権管理機構（電話03-5244-5088，FAX03-5244-5089,
e-mail：info@jcopy.or.jp）の許諾を得てください．また本書を代行業者
等の第三者に依頼してスキャンやデジタル化することは，たとえ個人や
家庭内での利用であっても一切認められておりません．

はじめに

「最近の学生はAIのことばかり学びたがる．トランジスタなんて勉強しても無駄だと思っている．」大学の電気系学科で教鞭をとる，ある教授のぼやきである．たしかに昨今はAIの第3次ブームとなっている．著者が好きな将棋界では，とうとうコンピュータソフトが現役名人を負かしてしまった．ものすごい進歩である．

プロの棋士とコンピュータソフトとの対局が最初の大きな話題になったのは2012年1月14日，著者が大好きな米長邦雄永世棋聖が将棋ソフト「ボンクラーズ」に負けたときであろう．この対局の顛末を米長永世棋聖は手記に残しており，そこにはおもしろいエピソードがたくさんある．とくに注目したいのは対局の条件である．おたがいに一番良い条件で指すことを目標に調整したが，コンピュータ側に問題がもち上がった．対局当日，複数のコンピュータを接続して計算速度を高めたいという希望だったが，将棋会館の電力不足のため2800Wまでのセッティングしかできなかったという．成人男性の1日の消費カロリーを2000kcalとすると，電力換算で約97W．これはボンクラーズの消費エネルギーの約1/29だ．さらに米長永世棋聖が1時間の昼食休憩のとき，ボンクラーズは先の手を読んでもかまわない，という条件となった．確かにコンピュータは疲れを知らない．

このように物事の背景を知ると，いろいろな視点から考えることができる．AIの能力がプロ棋士を上回った理由は何だろう？　10年前の将棋ソフトはなぜプロ棋士に勝てなかったのか？　AIの解説書ではほとんど触れられないが，半導体デバイスの進歩が一番の理由である．最近の深層学習やビックデータも演算処理装置や半導体メモリの進歩があってこそ可能となったものである．集積回路の性能は，有名なムーアの法則「集積回路上のトランジスタの数は1.5年ごとに2倍になる」に乗って進歩してきた．ここで重要なことは，1チップの能力が向上しても価格はほとんど変動しなかったことである．これは開発者の努力と厳しい価格競争の結果であろう．

話を冒頭に戻すが，半導体の基礎を学ぶのは理工系学部の2年生か3年生，つまり20歳そこそこである．この年齢では何事も幅広く学んでもらいたい．自ら将来性を狭めてしまうのはもったいない．研究開発のように新しい物を生み出す仕事に従事するとき，一番やってはいけないことは「発想を止めること」である．なにか課題を与えられたとき，自分が知ってること，できることを試してみよう，だけではダメなのだ．物事の背景を推察してあらゆる可能性を検討する準備ができている者とそうではない

ii | はじめに

者との差は歴然としている.

　本書の前半では，半導体の基本概念の理解から始まり，半導体中の電子を支配する物理法則の概略を全体的に学んだうえで，pn 接合ダイオードの基本動作を理解することをもっとも大きな目標とする．なぜなら，pn 接合ダイオードが理解できれば，トランジスタの動作原理を理解する基礎学力が十分に身についたと考えてよいからである．本書の後半では，2 種類のトランジスタ（バイポーラトランジスタと電界効果トランジスタ）の学習が重要である．とくに，MOS 型トランジスタを理解してもらうために，MOS 構造の「蓄積・空乏・反転」の解説に紙面を多くを費やした．

　半導体デバイス物理の定性的な理解を容易にするため，解説はできるだけ平易にし，物理現象の流れを箇条書きにした．また，理論式の導出は，他書の解説では触れられていない部分まで細かく記載するように心がけた．ただし，定性的な理解を優先して行い，理論式の理解は後回しでもよいと思う．

　半導体デバイスの理解には量子力学の知識が必要になる部分もあるため，量子力学に関係する解説は巻末の付録に置いた（ただし，電子の二面性の性質については第 1 章で触れた）．さらに，クローニッヒ・ペニーモデル，正孔の概念，価電子帯のエネルギーの向きなど，最近の半導体デバイスの参考書では解説が不足している事柄も付録に追加した．この付録を読んで興味をもった学生は，その分野の専門書を用いてさらに勉強を進めてほしい．

　最後に，本書の執筆の機会を与えていただいた森北出版株式会社第一出版部部長，富井晃氏，校正作業を粘り強く行っていただいた第二出版部部長，藤原祐介氏に感謝申し上げる．そして，日頃から筆者の仕事を支えてくれている妻に感謝する．

　元号が改まったまさにこのとき，本書を世に送り出すことができたのは慶賀の至りである．

令和元年（2019 年）　6 月吉日

著　　者

目　次

Chapter 1　半導体の基礎　1

1.1　炭素の同素体：ダイヤモンドとグラファイト　1
1.2　半導体の定義　2
1.3　結晶構造とエネルギーバンドモデル　3
　1.3.1　孤立した1個の原子　3
　1.3.2　一次元結晶のエネルギー構造　6
1.4　真性半導体と不純物半導体　8
　1.4.1　真性半導体　8
　1.4.2　n型半導体　10
　1.4.3　p型半導体　11
演習問題　12

Chapter 2　半導体中のキャリア密度　13

2.1　真性半導体のキャリア密度　13
2.2　不純物半導体のキャリア密度　16
2.3　真性キャリア密度　18
2.4　絶縁体，半導体，導体のエネルギーバンド　21
2.5　キャリア密度の温度依存性　21
演習問題　23

Chapter 3　半導体中のキャリア輸送現象　24

3.1　熱平衡状態におけるキャリアの様子　24
3.2　キャリアのドリフトと移動度　25
3.3　ホール効果　30
3.4　拡散電流　31
3.5　移動度と拡散係数の関係　33
3.6　キャリアの生成と再結合　34
　3.6.1　熱平衡状態における生成と再結合　35
　3.6.2　非熱平衡状態：光照射時における生成と再結合　35
　3.6.3　格子欠陥の影響　38

iv　目　次

3.7	連続の式	39
3.8	高電界効果	41
演習問題		42

Chapter 4　pn 接合ダイオード　43

| 4.1 | 階段接合の空乏層，内蔵電位の形成 | 43 |

4.1.1　ポアソン方程式　43
4.1.2　熱平衡状態のフェルミ準位 E_f　44
4.1.3　階段接合のエネルギーバンド構造　45
4.1.4　pn 階段接合の内蔵電位の計算　47
4.1.5　pn 階段接合の空乏層幅の計算　48

4.2	片側階段接合	52
4.3	空乏層容量	54
4.4	理想電流–電圧特性	57

4.4.1　電子/正孔密度のバイアス電圧依存性　59
4.4.2　理想電流–電圧特性の式　60
4.4.3　実際の電流–電圧特性　63

| 4.5 | キャリアの蓄積と過渡応答 | 65 |
| 演習問題 | | 66 |

Chapter 5　金属と半導体の接合による整流特性　67

| 5.1 | 金属と n 型半導体の接合 | 67 |

5.1.1　$\phi_m > \phi_s$ の場合　68
5.1.2　$\phi_m < \phi_s$ の場合　70

| 5.2 | 金属と p 型半導体の接合 | 71 |

5.2.1　$\phi_m < \phi_s$ の場合　71
5.2.2　$\phi_m > \phi_s$ の場合　72

5.3	ショットキー接合の場合の電流–電圧特性	72
5.4	空乏層容量–電圧特性から不純物濃度を求める	73
演習問題		74

Chapter 6　バイポーラトランジスタ　75

6.1	バイポーラトランジスタの構造	75
6.2	トランジスタの動作原理：活性モードの場合	76
6.3	活性モードにおけるコレクタ電流の決定	82
6.4	四つの動作モード	83
6.5	エミッタ接地	85

目 次 v

6.6　バイポーラトランジスタの周波数特性 ・・・・・・・・・・・・・・・・・・・・・・・・・・・・　88
　　6.6.1　ベースのキャリア注入量の周波数依存性　88
　　6.6.2　pn 接合の静電容量の影響　89
　　6.6.3　電流利得の周波数特性　90
6.7　スイッチング過渡特性 ・・・　93
6.8　サイリスタ ・・　95
　　6.8.1　pnpn スイッチ　96
　　6.8.2　サイリスタ　98
演習問題 ・・　100

Chapter 7　接合型電界効果トランジスタ　101

7.1　FET の基本的な考え方 ・・　101
7.2　JFET の動作原理 ・・　101
7.3　JFET の直流特性 ・・　103
7.4　JFET の直流ドレイン特性の計算 ・・・・・・・・・・・・・・・・・・・・・・・・・・・・・・・　105
　　7.4.1　線形領域のドレイン特性　105
　　7.4.2　飽和領域のドレイン特性　107
7.5　小信号等価回路 ・・　108
演習問題 ・・　110

Chapter 8　MOS ダイオード　111

8.1　MOS ダイオードの熱平衡状態におけるエネルギーバンド構造 ・・・・・・　111
8.2　ゲート電圧によるエネルギーバンドおよびキャリア密度の変化 ・・・・・・　113
　　8.2.1　蓄積：金属側を負（$V_G < 0$）にした場合　113
　　8.2.2　空乏：金属側に小さな正の電圧（$V_G > 0$）を印加した場合　115
　　8.2.3　反転：大きな正の電圧を印加した場合（$V_G > V_G'$）　118
　　8.2.4　半導体表面電位 V_{SO} と誘導電荷の関係：しきい値電圧　118
　　8.2.5　しきい値電圧 V_T　119
8.3　小信号電圧に対する MOS ダイオードの静電容量 ・・・・・・・・・・・・・・・・・　121
8.4　フラットバンド電圧 ・・　122
演習問題 ・・　124

Chapter 9　MOSFET　125

9.1　MOSFET の直流特性 ・・　125
9.2　小信号等価回路と周波数特性 ・・・・・・・・・・・・・・・・・・・・・・・・・・・・・・・・・・・・　128
9.3　ゲート電圧依存性の制御 ・・・　129
演習問題 ・・　131

vi 目 次

Chapter 10　MOS 集積回路　132

10.1　インバータ回路　132
10.1.1　1 個の MOSFET で構成するインバータ回路　132
10.1.2　2 個の MOSFET で構成するインバータ回路　133
10.1.3　CMOS インバータ　134

10.2　MOSFET 縮小則　137
演習問題　138

Chapter 11　MESFET　139

11.1　MESFET の素子構造　139
11.2　MESFET の動作原理　140
11.2.1　熱平衡状態の MESFET　140
11.2.2　ドレイン電圧 V_D を印加したとき　141
11.3　MESFET の電流−電圧特性の計算　142
11.3.1　デプレッション型の MESFET　142
11.3.2　エンハンスメント型の MESFET　145
11.4　MESFET の周波数応答　146
演習問題　146

付録 A　エネルギーバンド構造について　147

A.1　定性的な考え方　147
A.2　クローニッヒ・ペニーモデル：量子井戸　147

付録 B　状態密度の計算方法　151

付録 C　有効質量の概念，直接遷移型と間接遷移型半導体　153

C.1　有効質量の概念　153
C.2　直接遷移型と間接遷移型半導体　154

付録 D　価電子帯のエネルギーと正孔の概念　156

付録 E　ヘテロ接合，トンネル効果，半導体超格子　158

E.1　ヘテロ接合　158

目　次　vii

E.2　トンネル効果 ··· 159
E.3　半導体超格子 ··· 161

付録 F　ショットキー接合の電流 – 電圧特性　163

付録 G　バイポーラトランジスタの電流利得に関する補足　165

G.1　H パラメータの表記 ··· 165
G.2　高周波特性の計算 ·· 166

演習問題の解答　169

索　引　175

記号表

記号	定義／説明	記号	定義／説明
α_0	ベース接地電流利得（直流）	$g_n(E)$	電子の状態密度
α_0'	ベース接地電流利得（交流）	$g_p(E)$	正孔の状態密度
α_T	ベース輸送効率（直流）	G_L	生成割合（光照射による）
α_T'	ベース輸送効率（交流）	G_{th}	生成割合（熱平衡状態）
β_0	エミッタ接地電流利得（直流）	h	プランク定数
β_0'	エミッタ接地電流利得（交流）	$\hbar$	（換算）プランク定数，あるいはディ
γ	エミッタ効率（直流）		ラック定数 $\hbar = h/2\pi$
ε_{ox}	酸化膜の誘電率	I_D	ドレイン電流
ε_s	半導体の誘電率	I_{Dsat}	FET の飽和電流
η	理想係数	J_n	電子電流密度
μ_n	移動度（電子）	J_p	正孔電流密度
μ_p	移動度（正孔）	J_s	逆飽和電流
ρ	比抵抗	k	ボルツマン定数
σ	電気伝導度	ℓ	平均自由行程
τ_c	平均緩和時間	L	チャネル長
C_d	拡散容量（単位面積あたり）	L_B	バイポーラトランジスタのベース中性
C_j	空乏層容量（単位面積あたり）		領域の幅
C_{ox}	酸化膜の静電容量（単位面積あたり）	L_n	拡散長（電子）
D_n	拡散係数（電子）	L_{ox}	酸化膜の厚さ
D_p	拡散係数（正孔）	L_p	拡散長（正孔）
E	電子あるいは正孔のエネルギー	m_n	電子の有効質量
$\mathcal{E}$	電界	m_p	正孔の有効質量
E_A	アクセプタ準位	n	電子密度（第 1 章では主量子数として
E_C	伝導帯の底のエネルギー		も用いる）
E_D	ドナー準位	Δn	過剰キャリア密度（電子）
E_f	フェルミ準位	n_i	真性キャリア密度
E_g	バンドギャップ $E_g = E_C - E_V$	n_n	n 型半導体中の電子密度
E_i	真性フェルミ準位	n_{n0}	n 型半導体中の電子密度（熱平衡状態）
E_r	再結合中心	n_p	p 型半導体中の電子密度
E_V	価電子帯の頂上のエネルギー	n_{p0}	p 型半導体中の電子密度（熱平衡状態）
f_{ab}	ベース接地遮断周波数	n_s	酸化膜と半導体の界面の電子密度
f_{ae}	エミッタ接地遮断周波数	N_A	アクセプタ密度
$f_n(E)$	フェルミ・ディラック分布関数（電子）	N_C	伝導帯の有効状態密度
$f_p(E)$	フェルミ・ディラック分布関数（正孔）	N_D	ドナー密度
f_T	トランジッション周波数	N_V	価電子帯の有効状態密度
g_D	FET の線形領域のチャネルコンダク	p	正孔密度，一般運動量
	タンス	Δp	過剰キャリア密度（正孔）
g_{DS}	FET の飽和領域のチャネルコンダク	p_n	n 型半導体中の正孔密度
	タンス	p_{n0}	n 型半導体中の正孔密度（熱平衡状態）
g_m	FET の線形領域の相互コンダクタンス	p_p	p 型半導体中の正孔密度
g_{ms}	FET の飽和領域の相互コンダクタンス	p_{p0}	p 型半導体中の正孔密度（熱平衡状態）

物理定数表 | ix

記号表（続き）

記号	定義／説明	記号	定義／説明
$q\phi_B$	ショットキー障壁	v_n	ドリフト速度（電子）
$q\phi_m$	仕事関数（金属）	v_p	ドリフト速度（正孔）
$q\phi_s$	仕事関数（半導体）	v_{th}	熱速度の平均値
$q\chi$	電子親和力	V_B	ブレークオーバー電圧
$q\chi_{ox}$	酸化膜の電子親和力	V_{bi}	内蔵電位
$q\chi_s$	半導体の電子親和力	V_D	ドレイン電圧
Q_B	空乏層のアクセプタイオンによる電荷 (MOS)	V_F	$\dfrac{1}{q}(E_i - E_{fs})$
Q_I	反転電子による電荷 (MOS)	V_{FB}	フラットバンド電圧
Q_n	ドナーイオンによる空間電荷（単位面積あたり）	V_G	ゲート電圧
		V_H	ホール電圧
Q_p	アクセプタイオンによる空間電荷（単位面積あたり）	V_p	ピンチオフ電圧
		V_{SO}	酸化膜と半導体の界面 ($y=0$) の電位
R	直接再結合割合（抵抗値としても用いる）	V_T	しきい値電圧
R_H	ホール係数	W	空乏層の幅
R_{th}	再結合割合（熱平衡状態）	x_n	pn 接合の空乏層の端の位置（n 型半導体）
T	絶対温度	$-x_p$	pn 接合の空乏層の端の位置（p 型半導体）
U	実効再結合割合	y_D	MOS の空乏層の厚さ
v_0	飽和ドリフト速度	Z	チャネル幅

物理定数表

物理量	記号	値
ボルツマン定数	k	1.38065×10^{-23} J/K
電荷素量	q	1.60218×10^{-19} C
自由電子（静止電子）の質量	m_0	0.91094×10^{-30} kg
エレクトロンボルト	eV	$1\,\mathrm{eV} = 1.60218 \times 10^{-19}$ J
真空の透磁率	μ_0	1.25664×10^{-6} H/m
真空の誘電率	ε_0	8.85419×10^{-12} F/m
プランク定数	h	6.62607×10^{-34} J·s
（換算）プランク定数	$\hbar$	1.05457×10^{-34} J·s $(= h/2\pi)$
真空中の光速	c	2.99792×10^8 m/s
室温（300 K）の熱エネルギー		$k \times 300\,\mathrm{K} = 0.025852\,\mathrm{eV}$
アボガドロ数	N_{av}	6.02214×10^{23}

Chapter **1**

半導体の基礎

本章では，半導体デバイスの動作解析に必要なもっとも基本的な事柄を解説する．まず，半導体とは何か，その定義を整理することから始める．つぎに，エネルギーバンド構造を理解する．半導体に流れる電流値など種々の物性値を導出するためには，このエネルギーバンドの理解が不可欠である．

1.1 炭素の同素体：ダイヤモンドとグラファイト

炭素原子のみでできている物質，すなわち炭素の同素体として，ダイヤモンドとグラファイト（黒鉛）が知られている．炭素原子のみで構成されているが，両者の特徴はまったく異なる．表 1.1 に整理してみよう．

表 1.1 ダイヤモンドとグラファイトの物性の比較

物質名	色	硬さ	電気伝導度	熱伝導度
ダイヤモンド	透明	◎	×	◎
グラファイト	黒	×	◎	△

ダイヤモンドは透明で，天然の素材としてはもっとも硬い．また，熱伝導性もよい．ただし，電気伝導度は低くほぼ絶縁体である．一方のグラファイトは，鉛筆の芯に使用されている黒色の物質であり，硬度が低い．また，電気伝導度は高い．

素材は炭素原子のみにもかかわらずこれほどまでに物性が異なる理由は，炭素原子の結合の仕方，すなわち結晶構造の違いである．図 1.1 に両者の結晶構造を示す．ダイヤモンドの結晶は，正四面体が重なり合った構造である．一方，グラファイトは六角形（六員環）のシートが層状になっていることがわかる．この六角形のシート内の炭素原子の結合は強く，シート内の電気伝導度は高い．しかし，シート間の結合は弱く，このシートが剥がれて紙にこびりつくことで紙に文字を書くことができる．このように，同じ原子からできている物質でも，結晶構造によりまったく異なる性質となる．

2　Chapter 1　半導体の基礎

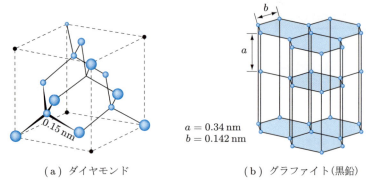

（a）ダイヤモンド　　　　　　　（b）グラファイト（黒鉛）

図 1.1　炭素の同素体の結晶構造

1.2　半導体の定義

電気電子材料の分類方法はいくつかあるが，ここでは電気伝導度に着目する．主な材料の電気伝導度を図 1.2 に示す．表の下に電気伝導度，表の上にその逆数である比抵抗を示している．電気伝導度でいえば，半導体は絶縁体と導体（金属）の中間に位置しており，およそ 10^{-8}〜10^3 S/cm の範囲に分布していることがわかる．図を眺めていると，半導体のある特徴に気がつく．すなわち，絶縁体および導体の電気伝導度は 1 点に定まっているのに対して，半導体の電気伝導度は 1 点ではなく幅をもってい

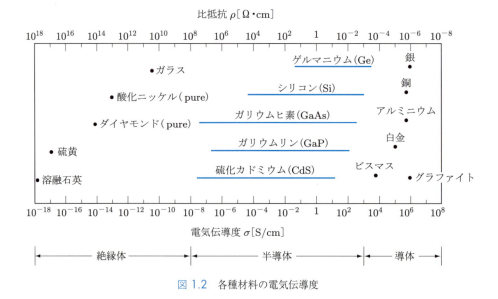

図 1.2　各種材料の電気伝導度

る．この事実を含めて半導体の特徴を以下に列記する．

1. わずかな不純物の添加で，電気伝導度が増加する．
2. 光照射により電気伝導度が増加する．
3. 温度変化により電気伝導度が急激に変化する．電気伝導度 σ は次式で与えられる．

$$\sigma = A \exp\left(\frac{-B}{T}\right) \qquad \text{ただし，} T \text{ は絶対温度，} A, B \text{ は定数}$$

4. 金属と接触させると整流作用を示すことがある．
5. ホール効果が大きい．

このうち 1〜3 番目のように，電気伝導度に幅をもつのが半導体の特徴である．幅が生じる理由はこの章でこのあと学習するが，1 番目の理由について簡単に説明すると，純粋な半導体結晶にある添加物を加えると，半導体の中を自由に動くことのできる電子が増えるためである．添加物を含まない半導体では実用的な電流値は得られず，したがって添加物により電気伝導度を増加させている．このように，人工的に電気伝導度を制御できることが半導体の長所であり，工業製品への応用に有効である．また，2 番目の特徴は太陽電池に応用されている．半導体はトランジスタなどの電子デバイスだけではなく，太陽電池などの受光器，すなわち光デバイスにも使われているのである．五つの半導体の特徴の詳細については，本書の前半で学習する重要な項目である．

1.3 結晶構造とエネルギーバンドモデル

炭素の同素体の例のように，材料の物性は結晶構造に大きく依存している．この理由は，電子がもつことのできるエネルギー，そして電子密度が結晶構造に依存しているためである．この節では，まず孤立する 1 個の原子に束縛されている電子を考え，その電子がもつことのできるエネルギーについて説明する．

1.3.1 ■ 孤立した 1 個の原子
図 1.3 は原子番号 Z の原子の原子核とその周囲を回る 1 個の電子を示したモデルで，「ボーアの原子模型」とよばれている．原子核の電荷は Zq，電子の電荷は $-q$，質量は m，速度は v，および起動の半径は r である．この電子がもつ全エネルギー E は，次式で与えられる．

$$E = U + E_k = -\frac{Zq^2}{4\pi\varepsilon_0 r} + \frac{1}{2}mv^2 \tag{1.1}$$

ここに，U はポテンシャルエネルギー（位置エネルギー），E_k は電子の運動エネル

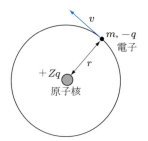

図 1.3 ボーアの原子模型

ギー，ε_0 は真空の誘電率である．電子に作用するクーロン力と遠心力がつり合っているので，次式が成り立つ．

$$\frac{mv^2}{r} = \frac{Zq^2}{4\pi\varepsilon_0 r^2} \tag{1.2}$$

ここで電子が二面性，つまり粒子および波の性質をもっていることに気をつけよう．すなわち，図 1.3 のモデルは電子を粒子として扱っているが，波の性質もあわせもっているとする．厳密には量子力学の知識を必要とするが，ここでは単純に，原子核の周囲を回る電子の干渉効果について考えればよい[†]．すなわち，電子が 1 周して元の位置に戻ったとき，その波の位相がずれていると干渉効果により打ち消し合ってしまう．このため，原子核を安定に回ることのできる電子の条件として，周回軌道の長さ $2\pi r$ が電子の波長の整数倍に等しいことが要求される．

運動量 $p = mv$ をもつ電子の波長 λ は

$$\lambda = \frac{h}{p} = \frac{h}{mv} \tag{1.3}$$

で与えられる．ここに，h はプランク定数である．前述の条件を満たすにはつぎの関係が成り立つ必要がある．

$$2\pi r = n\frac{h}{mv} \quad (n = 1, 2, 3 \ldots)$$
$$mvr = n\frac{h}{2\pi} \tag{1.4}$$

式 (1.4) はボーアの量子条件とよばれる．式 (1.2) と式 (1.4) を式 (1.1) に代入すると，電子がもつことのできるエネルギー E は

[†] 電子の二面性については量子力学の多くの参考書に解説がある．たとえば，「ファインマン物理学〈5〉量子力学」（岩波書店，1986）．

$$E = -\frac{mZ^2q^4}{8\varepsilon_0^2 h^2}\frac{1}{n^2} \ (= E_n) \tag{1.5}$$

となり，飛び飛びの値となることがわかる．この電子のもつことができる飛び飛びのエネルギー値を<u>エネルギー準位</u>とよぶ．

孤立原子のエネルギー構造を図 1.4 に示す．曲線がポテンシャルエネルギー U に対応する．エネルギー準位 E_n は n が増加するほど大きくなっており，原子核からより離れた軌道を周回していることがわかる．ここで，自然数 n は<u>主量子数</u>とよばれ，それぞれの主量子数に対応する電子軌道には，表 1.2 に示すように K 殻，L 殻，… と名前がついている．それぞれの殻に入ることができる電子数は $2n^2$ である．電子はポテンシャルエネルギーの低い内側の K 殻から埋まっていく．

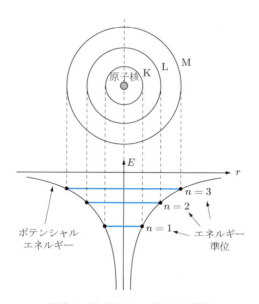

図 1.4 孤立原子のエネルギー構造

表 1.2 主量子数に対する殻の名前および電子数

殻	K	L	M	N
主量子数 n	1	2	3	4
電子数 $2n^2$	2	8	18	32

6 | Chapter 1 半導体の基礎

■ **例題 1.1**

ボーアの原子模型を用いて水素原子のエネルギー準位 E_1 の値を求めよ．また，水素原子の電子軌道の半径（通称，ボーア半径 r_b）を求めよ．

■ **解答**

式 (1.5) において $Z = 1, n = 1$ として各物理定数を代入すると，E_1 の値は次式で与えられる．

$$E_1 = -\frac{(0.9109 \times 10^{-30}) \times (1.602 \times 10^{-19})^4}{8 \times (8.854 \times 10^{-12})^2 \times (6.626 \times 10^{-34})^2}$$

$$= -2.179 \times 10^{-18} \text{ [J]} = -13.6 \text{ [eV]}$$

つぎにボーア半径 r_b を求める．まず，式 (1.1) において $Z = 1$ とおき，式 (1.2) を式 (1.1) の右辺第 2 項に代入して mv^2 を消去する．

$$E = U + E_k = -\frac{q^2}{4\pi\varepsilon_0 r} + \frac{1}{2}mv^2$$

$$= -\frac{q^2}{4\pi\varepsilon_0 r} + \frac{q^2}{8\pi\varepsilon_0 r}$$

$$= -\frac{q^2}{8\pi\varepsilon_0 r}$$

上式に各物理定数を代入する．

$$E = -\frac{(1.602 \times 10^{-19})^2}{8\pi \times 8.854 \times 10^{-12} \times r} = -\frac{1.153 \times 10^{-28}}{r}$$

$$\therefore r = -\frac{1.153 \times 10^{-28}}{E}$$

先に求めた E_1 の値（単位は J）を上式の E に代入すると，ボーア半径 r_b が得られる．

$$r_b = \frac{1.153 \times 10^{-28}}{2.179 \times 10^{-18}} = 5.293 \times 10^{-11} \text{ [m]} = 0.053 \text{ [nm]}$$

ボーア半径の値より，水素原子の大きさは約 0.1 nm であることがわかる．

1.3.2 ■ 一次元結晶のエネルギー構造

固体の結晶構造はもちろん三次元であるが，ここでは簡単のため原子が 1 列につながっている一次元結晶を考える．原子が等間隔に並び結合している一次元結晶では，隣接する原子間の電子軌道が混じり合うようになる．その結果，図 1.5 に示すように各エネルギー準位が幅をもつようになる．これを固体のエネルギーバンド構造とよび，厳密にはエネルギー準位の集合体である（付録 A）．エネルギーバンド構造のうち，電

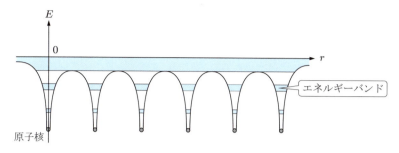

図 1.5　一次元結晶のエネルギー構造

子が存在できるエネルギー範囲を許容帯，逆に電子が存在できないエネルギー範囲を禁制帯とよぶ．許容帯の幅の大きさは，原子間距離やポテンシャルの深さなどに依存する．ここで注意すべきことは，すべての殻の電子が電気伝導に寄与するわけではないことである．なぜなら，原子核に近い殻を回っている電子は隣の原子との距離が遠く，なおかつ深いポテンシャルに位置しており，原子核からの束縛が強いためである．一方，原子核から離れた殻を回っている電子は，式 (1.2) の右辺のクーロン力が原子核からの距離 r の 2 乗に反比例していることからわかるように，原子核の束縛が弱く，なおかつ隣接する原子との距離が近いため，電子軌道が混じり合う可能性が高い．したがって，電気伝導などの固体の物性を決めるのは一番外側の殻に存在する電子である．

最外殻の電子のことを価電子とよぶ．価電子は共有結合に組み込まれているので動くことはできず，ただちに電気伝導に寄与するわけではない．価電子が原子核の束縛から離れて移動可能な伝導電子になるためには，熱，光，電界などの外部エネルギーを得る必要がある．したがって，必要となる外部エネルギーの大きさが材料の電気伝導度を決める重要なパラメータである．

価電子が伝導電子に変わる様子を考察するためには，図 1.6 に示すように，価電子の存在する許容帯のみを考え，その下位エネルギーにある許容帯は無視してよい．この価電子の存在する許容帯を価電子帯とよぶ．価電子帯にある価電子は原子核に束縛されており，動くことができない．しかし，外部エネルギーを得て価電子帯のすぐ上の許容帯へ励起されると，その価電子は伝導電子となり，電気伝導に寄与することができる．この伝導電子が存在する許容帯を伝導帯とよぶ．したがって，伝導電子を生成するのに必要となる外部エネルギーは，図における価電子帯の頂上のエネルギー E_V および伝導帯の底のエネルギー E_C との差で表される．このエネルギー差をバンドギャップ E_g（あるいはエネルギーギャップ）とよび，その大きさは $E_g = E_C - E_V$ である．図に示すように，E_g より大きな外部エネルギーを得た価電子は結晶の結合手を切り伝導帯に励起されて，電気伝導に寄与する伝導電子となる．このとき，価電子帯に電子

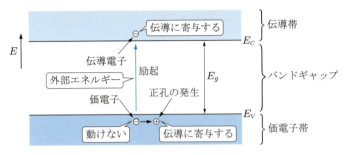

図 1.6 価電子帯と伝導帯，およびバンドギャップ

の抜け穴が発生する．あとで詳しく説明するが，これは正孔（ホール）とよばれ，正電荷をもつ粒子として電気伝導に寄与するものである．伝導電子と正孔の両者をまとめてキャリアとよぶ．

バンドギャップは材料固有の値である．物質は，電気伝導度の違いにより図 1.2 で 3 種類に分類されているが，電気伝導度にこのバンドギャップが大きく影響している．すなわち，絶縁体はバンドギャップが大きく，大きな外部エネルギーを与えても容易に伝導電子が生成されない．一方，導体（メタル）はバンドギャップがきわめて小さいかゼロであるため，外部エネルギーがなくとも伝導電子が豊富に存在している．半導体はその中間である．ちなみに，室温でのシリコンのバンドギャップは 1.11 eV，ダイヤモンドは約 6 eV である．ここに，eV（エレクトロンボルト）とは材料物性を議論するときに用いられるエネルギーの単位である．1 eV とは，1 個の電子のポテンシャルエネルギーを 1 V だけ増加させるのに必要なエネルギーで，$1\,\mathrm{eV} = 1.6 \times 10^{-19}$ J である．

1.4 真性半導体と不純物半導体

真性半導体とは，不純物を含まない純粋な結晶の半導体である．しかしながら，真性半導体においては室温程度の熱的励起では十分な伝導電子は生成されず，デバイスをつくっても実用的な電気伝導度は得られない．したがって，真性半導体に不純物を添加して電気伝導度を制御したものが不純物半導体（あるいは外因性半導体）である．ここでは，シリコンを例に真性半導体と不純物半導体について説明する．

1.4.1 ■ 真性半導体

半導体材料としてもっともよく知られているシリコン原子を例に考える．シリコンは原子番号 14 の原子である．したがって，図 1.7 に示すように，K 殻と L 殻は電子

1.4 真性半導体と不純物半導体

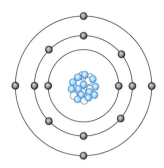

図 1.7 シリコン原子のモデル

で埋まり，最外殻の M 殻に 4 個の電子が存在する．電気伝導にはこの 4 個の電子のみを考えればよい．図 1.8(a) にシリコンの結晶を平面的に示している．ここでは 4 個の価電子が，隣接する 4 個のシリコン原子に共有結合されている．低温では価電子はそれぞれの原子核に束縛されている．しかし，外部エネルギーにより一部の共有結合の結合手が切れる．その結果，伝導電子が生成される．このとき，価電子の抜け穴が正孔となる．この様子をエネルギーで示したものが図 (b) である．このように，真性半導体においては，伝導電子と正孔が常に同数となることがわかる（対生成とよぶ）．また，ほかの場所から移動してきた伝導電子がこの正孔の箇所にはまるとその伝導電子と正孔は消滅するが，この伝導電子が生成された場所では別の正孔が生成されているので，これは正電荷が伝導電子とは逆向きに移動することと等しい．すなわち，正孔は正電荷の粒子として電気伝導に寄与できるのである．また，伝導電子と正孔の両者を総称してキャリアとよぶ．

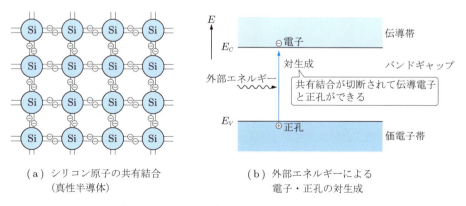

(a) シリコン原子の共有結合
（真性半導体）

(b) 外部エネルギーによる
電子・正孔の対生成

図 1.8 シリコンの結晶（真性半導体）とキャリアの対生成

1.4.2 ■ n型半導体

　真性半導体にほかの原子を添加することで，伝導電子が多数存在するもの，逆に正孔が多数存在するものをつくることができる．前者を n 型半導体，後者を p 型半導体とよぶ．まず，n 型半導体から説明する．図 1.9(a) はシリコンの結晶にリンを添加した様子を示している．ここで，リンは V 族の原子であり，価電子が 5 個存在している．そのため，シリコンとの共有結合では価電子が 1 個余ることになる．この余った価電子はリンの原子核に弱く束縛されているため，少ない外部エネルギーで伝導電子になることができる．すなわち，真性半導体よりも伝導電子が多数存在できる．このとき，リンから伝導電子が離れると，それまで電気的に中性であったリン原子が電子 1 個に相当する負電荷を失うために，電子 1 個とは逆の電荷を帯びた陽イオンとなる．これをイオン化とよぶ．ただし，リン原子は共有結合に組み込まれているため，この陽イオンは動くことはできない．真性半導体を n 型半導体に変える不純物をドナーとよぶ．

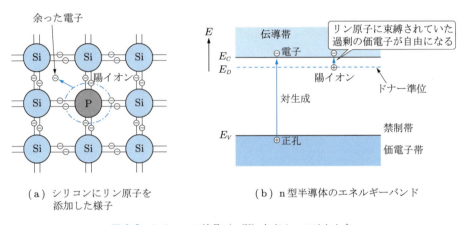

（a）シリコンにリン原子を添加した様子

（b）n 型半導体のエネルギーバンド

図 1.9　シリコンの結晶（n 型）とドナーのはたらき

　この余った価電子が伝導電子となる様子をエネルギーバンドで表したものが図 (b) である．伝導帯の底 E_C のすぐ下に新しいエネルギー準位 E_D ができているのがわかる．これはドナー準位とよばれ，ドナーを添加することにより生じるものであり，ドナーの余った価電子が位置するエネルギー準位である．この E_C と E_D のエネルギー差は，すなわち余った価電子が伝導電子になるために必要とするエネルギーに等しい．ドナーは伝導電子を生成すると陽イオンとなるので，この $E_C - E_D$ に相当するエネルギーをイオン化エネルギーとよぶ．シリコンにリンを添加した場合のイオン化エネルギーは 0.0045 eV であり，バンドギャップ E_g の約 30 分の 1 とかなり小さな値となり，対生成より少ない外部エネルギーで多くの伝導電子が発生することになる．

1.4.3 ■ p 型半導体

図 1.10(a) には，シリコンにホウ素を添加した結晶を示している．ホウ素は価電子が 3 個であるため，シリコンとの共有結合では価電子が 1 個不足する．すなわち，正孔ができている状態である．価電子はわずかな外部エネルギーによりこの正孔に移動することができる．この移動してきた価電子があった場所に正孔ができるため，これは正電荷の移動に等しい．つまり，価電子帯に存在する Si–Si 結合の価電子がわずかな外部エネルギーを受けて正孔の位置，すなわち Si–B 結合に移動したことになる．このとき，価電子を受け入れたホウ素原子は負電荷が 1 個増えるため陰イオンとなる．しかし，この陰イオンとなったホウ素原子は共有結合に組み込まれているために移動することはできない．真性半導体を p 型半導体に変える不純物をアクセプタとよぶ．

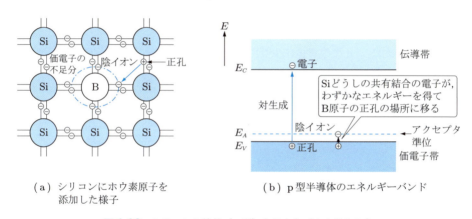

(a) シリコンにホウ素原子を添加した様子

(b) p 型半導体のエネルギーバンド

図 1.10 シリコンの結晶（p 型）とアクセプタのはたらき

この正孔に価電子が移動する様子をエネルギーバンドで表したものが図 (b) である．価電子帯の頂上 E_V のすぐ上に，新しいエネルギー準位 E_A ができているのがわかる．これはアクセプタ準位とよばれ，アクセプタを添加することにより生じるものである．この E_V と E_A のエネルギー差は，上記のキャリア移動を生じさせるために必要な外部エネルギーに相当し，n 型半導体と同様に，アクセプタは陰イオンとなるのでイオン化エネルギーとよばれる．シリコンにホウ素を添加した場合のイオン化エネルギーは 0.045 eV であり，バンドギャップの約 30 分の 1 とかなり小さな値となる．

このように，真性半導体を n 型あるいは p 型半導体に変えるために不純物を添加することをドーピングとよぶ．図 1.9(b) および図 1.10(b) のようにエネルギーバンド図で考えることが重要であり，次章で詳しく説明するが，簡単な計算によって半導体の中に伝導電子および正孔がどれだけの密度で存在しているのか定量的に知ることがで

12 | Chapter 1 半導体の基礎

きる．そのため，ある条件下で流れる電流の値などのデバイス動作についても定量的な検討が可能となるのである．したがって，pn 接合やトランジスタの動作を理解するうえでもエネルギーバンド図に慣れることが重要となる．

　n 型半導体において生成される伝導電子と陽イオンの数は同じである．したがって，n 型半導体の結晶全体は電気的に中性である．p 型半導体も同様に電気的に中性である．また，不純物のドーピングにより伝導電子と正孔，すなわちキャリアが生成されると同時に生成される陽イオンと陰イオンは，共有結合に組み込まれているために動けないことがわかった．陽イオン（ドナーイオン）と陰イオン（アクセプタイオン）が動けない事実は，このあとの pn 接合の理解で重要となるのでよく覚えておこう．

　半導体に含まれるキャリアの量を記述する重要な言葉に，多数キャリアと少数キャリアがある．n 型半導体において多数キャリアは伝導電子であり，少数キャリアは正孔である．逆に，p 型半導体の多数キャリアは正孔であり，少数キャリアは伝導電子である．たとえば，「n 型半導体に少数キャリアを注入した」という記述は，n 型半導体に正孔を注入したことを意味する．

　次章以降は，伝導電子のことを価電子と区別する必要がなければ単に電子とよぶことにする．

■ 演習問題

1.1　グラファイトとダイヤモンド以外の炭素の同素体の名前を挙げ，その物性について調べなさい．

1.2　単結晶，多結晶，非晶質（アモルファス）とはなにか調べなさい．

1.3　つぎの物質の室温におけるバンドギャップの値を調べなさい．
　　　　Si, Ge, GaAs, GaSb, GaN, CdTe, ダイヤモンド

1.4　GaAs 結晶の As を置換して p 型となるアクセプタを挙げなさい．

1.5　室温（300K）の熱エネルギーは何 eV に相当するか．

1.6　半導体のバンドギャップは温度上昇によって減少する傾向がある．この理由を調べなさい．

1.7　バンドギャップと絶対温度 T との関係は $E_g(T) = E_g(0) - \dfrac{aT^2}{T+b}$ という関数でよく近似できる．$E_g(0)$, a, b は材料に由来する定数である．シリコンと GaAs の 100 K, 300 K, 500 K におけるバンドギャップを求めなさい．ただし，シリコンでは，$E_g(0) = 1.17\,\text{eV}$, $a = 4.37 \times 10^{-4}$, $b = 636\,\text{K}$ である．また，GaAs では $E_g(0) = 1.52\,\text{eV}$, $a = 5.41 \times 10^{-4}$, $b = 204\,\text{K}$ である．

Chapter 2

半導体中のキャリア密度

固体中の電流密度は $J = qnv$ で与えられる. ここに, q は電荷素量, n は電子密度, v は電子の速度である. すなわち, 電流値を知るためには, 電子 (あるいは正孔) 密度, すなわちキャリア密度とその速度を知る必要がある. 前章では真性半導体, および電気伝導度を改善するためにドーピングされた n 型あるいは p 型半導体について学んだが, この章ではキャリア密度を定量的に求める方法について学ぶ.

2.1 真性半導体のキャリア密度

キャリア密度を考えるうえで, まずは熱平衡状態におけるキャリア密度を考える. 熱平衡状態とは, 外部から光, 圧力, 電界などが与えられておらず, 温度一定の状態である. すなわち, デバイスを動作させている状態ではなく, 電子および正孔が励起されておらず静的な状態である.

伝導帯の電子数は, すべてのエネルギー準位について電子が占める確率を与えて, それらを積算すればよい. すなわち, 次式で与えられる.

伝導帯の電子数

= [エネルギー準位の密度 × そのエネルギー準位を電子が占める確率] の積分
(2.1)

価電子帯の正孔の数も同様である. 電子および正孔のエネルギー準位の密度は次式で与えられることが知られている (付録 B).

$$g_n(E) = 4\pi \left(\frac{2m_n}{h^2} \right)^{3/2} \sqrt{E - E_C} \tag{2.2}$$

$$g_p(E) = 4\pi \left(\frac{2m_p}{h^2} \right)^{3/2} \sqrt{E_V - E} \tag{2.3}$$

ここで, m_n, m_p はそれぞれ電子, 正孔の有効質量である (付録 C を参照). $g_n(E)$ および $g_p(E)$ は電子および正孔の状態密度とよばれ, 単位エネルギー差あたり, 単位体積あたりに含まれるエネルギー準位の数である (付録 B を参照). 電子と正孔の状

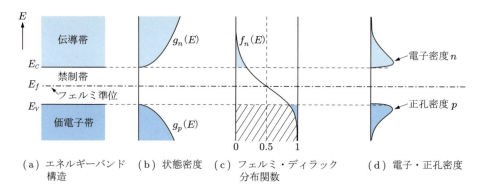

(a) エネルギーバンド構造　(b) 状態密度　(c) フェルミ・ディラック分布関数　(d) 電子・正孔密度

図 2.1　真性半導体のキャリア密度の求め方

態密度のグラフの概形を図 2.1(b) に示す.

つぎに，エネルギー準位を価電子および伝導電子が占める確率は，次式のフェルミ・ディラック分布関数で与えられる.

$$f_n(E) = \frac{1}{1 + \exp\left(\dfrac{E - E_f}{kT}\right)} \tag{2.4}$$

ここに，k はボルツマン定数，T は絶対温度である. $f_n(E)$ は確率を与える式なので，その値は 0〜1 の範囲である. 式 (2.4) にある E_f はフェルミ準位とよばれるエネルギー値であり，その意味は $f_n(E_f) = 1/2$, すなわち電子の存在確率が 1/2 となるエネルギー値である. フェルミ準位は，エネルギーバンド図を用いて半導体デバイスの動作を検討するうえで基準となる，とても重要なエネルギー値である.

一方，価電子帯中のエネルギー準位を正孔が占める確率は，正孔が電子の抜けた穴であることを思い出せば，電子が不在である確率と等しいことになるので，

$$f_p(E) = 1 - f_n(E) = \frac{1}{1 + \exp\left(\dfrac{E_f - E}{kT}\right)} \tag{2.5}$$

で与えられることがわかる.

$f_n(E)$ のグラフの概形を図 (c) に示す. 伝導帯中の水色の部分が伝導電子の存在確率を，一方，価電子帯中の斜線部分が共有結合に組み込まれている価電子の存在確率を与えている. また，価電子帯中の青色の部分が，式 (2.5) より正孔の存在確率に対応することがわかるであろう.

電子密度 n と正孔密度 p は，式 (2.1) の定義より次式で与えられる.

$$n = \int_{E_C}^{\infty} g_n(E) f_n(E) dE \tag{2.6}$$

$$p = \int_{-\infty}^{E_V} g_p(E) f_p(E) dE \tag{2.7}$$

すなわち，電子密度 n は $g_n(E)$ と図 (c) の伝導帯の水色部分との積の積分で与えられ，一方，正孔密度 p は $g_p(E)$ と図 (c) の価電子帯の青色部分の積の積分で与えられる．それらの概形を図 (d) に示す．このヨットの帆のような図形の面積が電子密度と正孔密度に相当する．すなわち，電子はもっともエネルギー値の低い伝導帯の底 E_C に集中しているわけではなく，電子のもっているエネルギーには幅があることがわかる．正孔も同様である．

ここで，キャリア密度の計算を行ってみよう．しかし，$f_n(E)$ が式 (2.4) のままでは解析解を得るのが困難であるため，つぎの近似を用いる．すなわち，真性半導体ではフェルミ準位 E_f はバンドギャップのほぼ中央に位置する（証明は 2.3 節）ことから，$(E - E_f)/kT \gg 1$ が成り立ち，そのため，式 (2.4) に示す $f_n(E)$ の分母の 1 を無視して次式を得る．

$$f_n(E) = \exp\left(\frac{E_f - E}{kT}\right) \tag{2.8}$$

同様に，正孔においては次式を得る．

$$f_p(E) = \exp\left(\frac{E - E_f}{kT}\right) \tag{2.9}$$

これらの式を式 (2.6) および式 (2.7) に代入すると，電子密度と正孔密度は次式で与えられる．

$$n = 2\left(\frac{2\pi m_n kT}{h^2}\right)^{3/2} \exp\left(-\frac{E_C - E_f}{kT}\right) \tag{2.10}$$

$$p = 2\left(\frac{2\pi m_p kT}{h^2}\right)^{3/2} \exp\left(-\frac{E_f - E_V}{kT}\right) \tag{2.11}$$

また，

$$N_C = 2\left(\frac{2\pi m_n kT}{h^2}\right)^{3/2}, \quad N_V = 2\left(\frac{2\pi m_p kT}{h^2}\right)^{3/2} \tag{2.12}$$

とおけば，式 (2.10) と式 (2.11) の電子密度 n および正孔密度 p は，つぎのようにシンプルに表現できる．

$$n = N_C f_n(E_C) \tag{2.13}$$

16 | Chapter 2　半導体中のキャリア密度

$$p = N_V f_p(E_V) \tag{2.14}$$

ここに，N_C と N_V は伝導帯および価電子帯の有効状態密度とよばれる値であり，室温のシリコンでは $N_C = 2.86 \times 10^{19}\,\mathrm{cm}^{-3}$，$N_V = 2.66 \times 10^{19}\,\mathrm{cm}^{-3}$ となることが知られている．

2.2　不純物半導体のキャリア密度

　真性半導体では共有結合の切断により電子と正孔が対生成されることは説明した．したがって，真性半導体の電子密度と正孔密度は等しい．また，真性半導体に不純物を添加すると，n 型半導体では電子が多数キャリアとなり，一方，p 型半導体では正孔が多数キャリアとなることはすでに説明した．これは状態密度，あるいはフェルミ・ディラック分布関数が不純物により変化するためであろうか．

　まず状態密度について考える．式 (2.2) および式 (2.3) で示される電子および正孔の状態密度 $g_n(E)$ と $g_p(E)$ は不純物の添加では変化しない．なぜなら，不純物の添加によって形成されるドナー準位 E_D およびアクセプタ準位 E_A は，図 1.9(b) および図 1.10(b) に示すようにバンドギャップの中に存在しており，状態密度には直接は影響しないからである（ただし，ドナー密度およびアクセプタ密度が有効状態密度より十分小さい場合とする）．

　一方のフェミル・ディラック分布関数 $f_n(E)$ であるが，式 (2.4) を見ると，この中の物理量において不純物の影響を受けるものはフェルミ準位 E_f だけと想像できる．結論から言うと，不純物によってフェミル・ディラック分布関数 $f_n(E)$ の形は変化しないが，フェルミ準位 E_f の位置が変わる．それだけで，電子密度および正孔密度が大きく変化する．n 型半導体の場合，フェルミ準位 E_f がバンドギャップ中央から伝導帯の底 E_C に近づく．そのため，フェミル・ディラック分布関数 $f_n(E)$ は形を変化させずに上方に移動する．その結果，状態密度と積の対象となる部分は図 2.2(c) において電子は伝導帯の水色の部分，正孔は価電子帯の青色の部分であり，明らかに伝導帯の面積のほうが価電子帯のそれより広くなっている．電子密度および正孔密度の概形は図 (d) に示すようになり，これは電子密度 $\gg$ 正孔密度となっている．

　n 型半導体におけるフェルミ準位 E_f の移動を証明してみよう．添加されたドナーがすべてイオン化して電子を放出しているとすると，ドナー密度を N_D として電子密度 n は $n = N_D$ となる．したがって，式 (2.13) より

$$N_D = N_C \exp\left(\frac{E_f - E_C}{kT}\right) \tag{2.15}$$

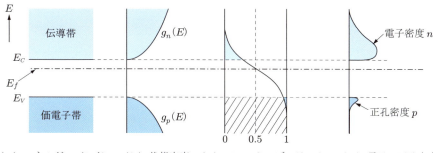

図 2.2 n型半導体のキャリア密度

となり，次式が成り立つ．

$$E_C - E_f = kT \ln \frac{N_C}{N_D} \tag{2.16}$$

この式は，ドナー密度 N_D が大きくなるほど $E_C - E_f$ は小さくなること，すなわち，フェルミ準位 E_f は伝導帯の底 E_C に近づくことを意味する．

p型半導体のフェルミ準位はどうなるであろうか．同様に添加されたアクセプタがすべてイオン化しているとき，アクセプタ密度を N_A とすると次式の関係が得られる．

$$E_f - E_V = kT \ln \frac{N_V}{N_A} \tag{2.17}$$

これはアクセプタ密度 N_A が大きいほど $E_f - E_V$ が小さくなることを意味しており，すなわち，フェルミ準位 E_f は価電子帯頂上 E_V に近づくことになる．その結果，フェルミ・ディラック分布関数 $f_n(E)$ は形を変えることなく下方に移動し，正孔密度 $\gg$ 電子密度となることがわかる．

■ 例題 2.1

室温において，あるn型半導体のドナーがすべてイオン化したとき，$E_C - E_f$ の値は $0.030\,\text{eV}$ であった．ドナーが80%イオン化したときの $E_C - E_f$ の値を求めなさい．

■ 解答

求める $E_C - E_f$ の値を $x\,[\text{eV}]$ とすると，次式が成り立つ．

$$(0.030 - x)\,[\text{eV}] = (0.030 - x)q\,[\text{J}] = kT \ln \frac{N_C}{N_D} - kT \ln \frac{N_C}{0.8 N_D}$$
$$= kT \ln 0.8\,[\text{J}]$$

18 | Chapter 2　半導体中のキャリア密度

よって，求める x は

$$
\begin{aligned}
x &= 0.030 - \frac{kT}{q} \ln 0.8 \\
&= 0.030 - \frac{(1.381 \times 10^{-23}) \times 300}{1.602 \times 10^{-19}} \times (-0.223) \\
&= 0.036 \ [\text{eV}]
\end{aligned}
$$

となる．

2.3　真性キャリア密度

　真性半導体のキャリア密度を真性キャリア密度 n_i とよぶ．真性半導体では対生成が起こるため，電子密度と正孔密度が等しくなることはすでに述べた．すなわち，

$$
n = p = n_i \tag{2.18}
$$

が成り立つ．したがって，

$$
N_C f_n(E_C) = N_V f_p(E_V)
$$
$$
N_C \exp\left(\frac{E_f - E_C}{kT}\right) = N_V \exp\left(\frac{E_V - E_f}{kT}\right) \tag{2.19}
$$

が成り立つことから，次式が得られる．

$$
E_f = \frac{E_C + E_V}{2} + \frac{kT}{2} \ln \frac{N_V}{N_C} \tag{2.20}
$$

ここで，$N_C \approx N_V$ であるから上式の右辺第2項は無視できる．そのため，

$$
E_f = \frac{E_C + E_V}{2} \quad (= E_i) \tag{2.21}
$$

となり，真性半導体のフェルミ準位はバンドギャップの中央に位置することがわかる．この真性半導体のフェルミ準位のことを真性フェルミ準位 E_i とよび，これは半導体デバイスのエネルギーバンド構造を解析するときに基準となる重要な値である．

　真性キャリア密度は，式 (2.18) より

$$
n_i = \sqrt{np} = \sqrt{N_C N_V} \exp\left(\frac{-E_g}{2kT}\right) \tag{2.22}
$$

と表現することも可能である．ここに E_g はバンドギャップであり，$E_g = E_C - E_V$ である．

　ここまでは真性半導体の真性キャリア密度 n_i について述べた．つぎに，n 型および

p 型半導体のキャリア密度を n_i と E_i を用いて表現する方法を説明する.

前述のように,真性フェルミ準位 E_i はエネルギーバンド図の基準として使用できるので,電子密度 n と正孔密度 p を表現するのに真性キャリア密度 n_i と真性フェルミ準位 E_i を用いると便利である.まず,電子密度 n の式 (2.10) をつぎのように変形する.

$$
\begin{aligned}
n &= N_C \exp\left(\frac{E_f - E_C}{kT}\right) \\
&= N_C \exp\left(\frac{E_i - E_C}{kT}\right) \exp\left(\frac{E_f - E_i}{kT}\right)
\end{aligned}
\tag{2.23}
$$

ここで,真性キャリア密度 n_i は真性半導体の電子密度,すなわち,$E_f = E_i$ のときの電子密度と同じであるから,上式において $N_C \exp\{(E_i - E_C)/kT\} = n_i$ が成り立つ.よって電子密度 n は

$$
n = n_i \exp\left(\frac{E_f - E_i}{kT}\right)
\tag{2.24}
$$

と書き改めることができる.同様に,正孔密度 p は

$$
\begin{aligned}
p &= N_V \exp\left(\frac{E_V - E_f}{kT}\right) = N_V \exp\left(\frac{E_V - E_i}{kT}\right) \exp\left(\frac{E_i - E_f}{kT}\right) \\
&= n_i \exp\left(\frac{E_i - E_f}{kT}\right)
\end{aligned}
\tag{2.25}
$$

と表すことができる.すなわち,電子密度と正孔密度は,E_C と E_V の値を用いずに,真性フェルミ準位と真性キャリア密度の値を用いて表現できることがわかった.このとき,式 (2.24),(2.25) より電子密度と正孔密度の積についてつぎの関係が成り立つことがわかる.

$$
np = n_i^2
\tag{2.26}
$$

この式は質量作用則とよばれ,電子密度と正孔密度の積は常に一定であることを表している.これは n 型あるいは p 型半導体でも常に成り立っている.

ドナーとアクセプタの両方が存在している半導体結晶では,密度の大きいほうが伝導のタイプを決める.不純物が均一に分布している半導体では,イオン化した不純物とキャリアが同数であるから,空間電荷は中性である.したがって,空間電荷の中性条件を満足する次式が成り立つ.

$$
(N_D - n_D) + p = (N_A - n_A) + n
\tag{2.27}
$$

これはドナーとアクセプタの両方が含まれている場合の式であり,左辺は正電荷の数,

20 | Chapter 2 半導体中のキャリア密度

右辺は負電荷の数である．ここで，n_D と n_A はそれぞれイオン化していないドナーおよびアクセプタ密度であり，

$$n_D = N_D f_n(E_D) \tag{2.28}$$

$$n_A = N_A \{1 - f_n(E_A)\} = N_A f_p(E_A) \tag{2.29}$$

として求められる．フェルミ準位は電荷の中性を保つように位置し，式 (2.27) に式 (2.23)，(2.25)，(2.28)，(2.29) を代入して求めることができる．すべての不純物がイオン化しているときには，式 (2.27) は次式となる．

$$p + N_D = n + N_A \tag{2.30}$$

n 型半導体の熱平衡状態における電子密度 n_{n0} および正孔密度 p_{n0} は，質量作用則を用いて次式で表される．

$$n_{n0} = \frac{1}{2} \left\{ N_D - N_A + \sqrt{(N_D - N_A)^2 + 4n_i^2} \right\} \tag{2.31}$$

$$p_{n0} = \frac{n_i^2}{n_{n0}} \tag{2.32}$$

ここに，電子密度および正孔密度の添字 n は「n 型半導体中の」を意味しており，添字 0 は「熱平衡状態」を意味している．同様に，p 型半導体の熱平衡状態における正孔密度 p_{p0} および電子密度 n_{p0} は

$$p_{p0} = \frac{1}{2} \left\{ N_A - N_D + \sqrt{(N_A - N_D)^2 + 4n_i^2} \right\} \tag{2.33}$$

$$n_{p0} = \frac{n_i^2}{p_{p0}} \tag{2.34}$$

と表される．ここに，正孔密度および電子密度の添字 p は，「p 型半導体中の」意味である．

■ 例題 2.2
シリコンの真性キャリア密度を求めなさい．ただし，$T = 300\,\mathrm{K}$ であり，バンドギャップは $1.11\,\mathrm{eV}$ である．

■ 解答
式 (2.22) より，つぎのように求められる．

$$\begin{aligned}
n_i &= \sqrt{N_C N_V} \exp\left(\frac{-E_g}{2kT}\right) \\
&= \sqrt{2.86 \times 10^{19} \times 2.66 \times 10^{19}} \exp\left(\frac{-1.11 \times 1.602 \times 10^{-19}}{2 \times 1.381 \times 10^{-23} \times 300}\right) \\
&= 1.32 \times 10^{10} \ [\text{cm}^{-3}]
\end{aligned}$$

なお，温度が変化したときの真性キャリア密度を計算する際は，N_C, N_V および E_g の各物理量が温度依存性をもつことに注意する．

2.4 絶縁体，半導体，導体のエネルギーバンド

図 1.2 に示すように，絶縁体，半導体，導体は電気伝導度で分類される．電気伝導度の定義は次章で説明するが，キャリア密度に比例すると考えてよい．つまり，半導体より絶縁体のほうがキャリア密度が低いことになるが，その理由は何であろうか．図 2.3 に示すように，絶縁体，半導体，導体はバンドギャップが大きく異なっている．この図にフェルミ・ディラック分布関数を重ねてみるとわかるが，絶縁体はバンドギャップが 3 eV 以上もあるので，電子および正孔の存在確率を与える面積が半導体よりかなり狭くなる．これが，絶縁体のキャリア密度が低く，電気伝導度が小さくなる理由である．一方，導体のバンドギャップは極端に小さい，あるいは伝導帯と価電子帯が重なり合っているものもある．したがって，外部エネルギーを得なくても伝導電子が存在することになる．

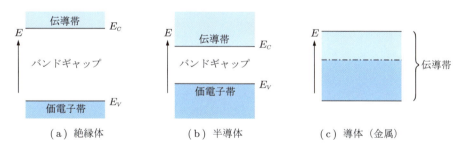

図 2.3　エネルギーバンドの概略図

2.5 キャリア密度の温度依存性

キャリア密度の温度依存性は，式 (2.4) に示すフェルミ・ディラック分布関数 $f_n(E)$ が温度に依存することに起因する．すなわち，図 2.1 (c) に示す電子密度と正孔密度を与える水色と青色の面積は，温度が高いほど広くなる（演習問題 2.2 で確かめよう）．

したがって，電子密度と正孔密度は温度上昇とともに増加する．

しかし，不純物半導体中のキャリア密度は温度上昇に伴い単純増加するものではない．図 2.4 に，ドナー密度が 10^{15} cm^{-3} である n 型シリコンの電子密度の温度依存性の例を示す．このグラフからは，

- 極低温では電子がほとんど存在していないが，極低温から約 100 K までの温度上昇により電子が増えていること（領域 A）
- 100 K から約 500 K の高温まで電子密度が一定であること（領域 B）
- 500 K からさらに温度上昇すると再び電子密度が増加していること（領域 C）

がわかる．領域 A は凍結領域とよばれ，温度上昇によりドナー準位にある共有結合に余った価電子が伝導帯に励起されることによる伝導電子の増加である．領域 B は外因性領域（あるいは飽和領域）とよばれ，ドナー準位にある価電子がすべて伝導電子になっているためドナー準位は空となっており，熱エネルギーの増加でも伝導電子の増加が不可能な温度範囲である．そのため，電子密度は N_D に等しい．そして，領域 C は真性領域とよばれ，高温による大きな熱エネルギーにより共有結合が切断され，電子と正孔の対生成が生じることによる電子の増加が支配的となる．よって，電子密度は式 (2.22) の真性キャリア密度 n_i とほぼ同じ値となる（図 2.4 の黒線）．

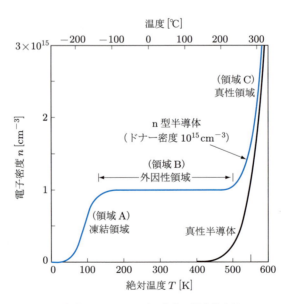

図 2.4　シリコンの電子密度の温度依存性

演習問題

2.1 ある p 型半導体において，300 K ですべてのアクセプタがイオン化したときの $E_f - E_V$ の値が 0.030 eV であった．アクセプタの 70% がイオン化したときの $E_f - E_V$ の値を求めなさい．

2.2 フェルミ・ディラック分布関数を $-0.2\,\text{eV} < E < 0.2\,\text{eV}$ の範囲について，絶対温度が 100 K, 300 K, 600 K の場合について計算し図示しなさい．

2.3 $T = 300\,\text{K}$ の GaAs は，$E_g = 1.43\,\text{eV}$, $n_i = 1.8 \times 10^6\,\text{cm}^{-3}$ である．このとき，$\sqrt{N_C N_V}$ の値を求めなさい．

2.4 100 g のシリコンにアクセプタとしてホウ素を 2×10^{-7} g 溶融させた材料で p 型シリコン結晶を作成した．この結晶の正孔密度を求めなさい．ただし，アクセプタはすべてイオン化しているものとする．また，シリコンの密度を $2.33\,\text{g/cm}^3$，原子量を 28.1，ホウ素の原子量を 10.8 とする．

2.5 n 型および p 型半導体の少数キャリア密度を不純物密度と真性キャリア密度を用いて示しなさい．ただし，不純物はすべてイオン化しているものとする．

Chapter 3

半導体中のキャリア輸送現象

前章では，半導体中のキャリア密度を求める方法について学んだ．固体中の電流値は $J = qnv$ で与えられるので，電子（あるいは正孔）の速度 v がわかれば電流値がわかる．固体中のキャリアの輸送現象は種々あるが，半導体中の電流を決める重要なものはドリフトと拡散の二つである．ドリフトとは電界中のキャリア輸送現象のことであり，まさに上式の速度 v を与える現象である．拡散とは，キャリア密度が不均一になっているとき，密度の高いところから低いところへのキャリアの移動が電流となる現象である．この章では，この二つのキャリア輸送現象を中心に学ぶ．

3.1 熱平衡状態におけるキャリアの様子

ドリフトおよび拡散を考える前に，熱平衡状態の半導体中のキャリアがどのような振る舞いをしているのか知る必要がある．ドナーが均一に添加された n 型半導体中の電子の熱エネルギーは，エネルギー等配則より次式で与えられる．

$$\frac{1}{2}m_n v_{th}^2 = \frac{3}{2}kT \tag{3.1}$$

ここに v_{th} は熱速度の平均値であり，300 K のシリコンでは約 10^7 cm/s である．また，m_n は電子の有効質量である．自由運動する粒子は 1 自由度あたり $(1/2)kT$ の熱エネルギーをもつため，3 次元ではその 3 倍の熱エネルギーとなる．

熱平衡状態の半導体中の電子の振る舞いをイメージしたものが図 3.1(a) である．熱エネルギーをもらった電子の振る舞いすなわち熱運動は，半導体中をふらふらとただよいながら格子原子との衝突・散乱を繰り返すものである．長時間の平均では，移動

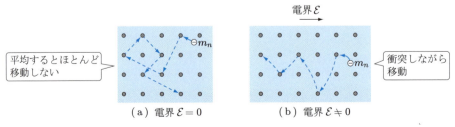

図 3.1　結晶中の電子の振る舞い

距離はゼロと見なしてよい.

ここで,キャリアの移動から電流を定量的に求めるために重要なパラメータが二つある.一つは,平均自由行程 ℓ であり,キャリアが格子原子に衝突してつぎに衝突するまでに移動する距離である.室温のシリコンであれば約 10^{-5} cm であることが知られている.もう一つのパラメータは,平均緩和時間 τ_c である.これは,キャリアの衝突からつぎの衝突までに要する時間であり,室温のシリコンでの値は $\tau_c = \ell/v_{th} = 10^{-12}$ 秒,すなわち約 1 ピコ秒であることが知られている.

3.2 キャリアのドリフトと移動度

比較的弱い電界が与えられた半導体では,電子と格子原子の衝突と衝突の間,その電子は電界と反対方向に加速される.これがドリフトとよばれる現象であり,そのイメージを図 3.1(b) に示す.ドリフトについてもう少し詳しく考えてみよう.電界中の電子に加わる力の大きさは $F = q\mathcal{E}$ である(ここに $\mathcal{E}$ は電界であり,エネルギーの値として用いている E と区別した).電子の加速度を a とすれば,$F = m_n a$ が成り立つので,電子の速度は時間とともに単調に増加する.しかし実際には,格子原子との衝突・散乱のたびに電界からもらったエネルギーを消失し,速度が低下する.その結果,多数の電子の速度の平均値は平均緩和時間に影響されて,その材料に固有の値として定まる.電界による速度成分であるドリフト速度 v_n(正孔であれば v_p)を用いると次式が成り立つ.

$$m_n v_n = -q\mathcal{E}\tau_c \tag{3.2}$$

この式は,平均緩和時間内に電子に与えられた力積(力 × 時間)と電子が得た運動量が等しいことを示している.これより,電子のドリフト速度は

$$v_n = -\frac{q\tau_c}{m_n}\mathcal{E} \tag{3.3}$$

と定まる.ここに,右辺の負号は電子が電界の向きと逆方向に移動することを意味する.式 (3.3) より,ドリフト速度の大きさは電界の大きさに比例することがわかる.詳細は 3.8 節で述べるが,この比例関係は高電界では成り立たない.ここで,

$$\mu_n \equiv \frac{q\tau_c}{m_n} \tag{3.4}$$

とおく.上式は移動度という半導体を評価するうえで重要なパラメータである.移動度を用いると,電子のドリフト速度は次式で定まる.

26 | Chapter 3 半導体中のキャリア輸送現象

$$v_n = -\mu_n \mathcal{E} \qquad (3.5)$$

上式から，移動度とは，単位電界中のキャリアの速度といえる．また，平均緩和時間が長いほど移動度が大きいことがわかる．これは，衝突からつぎの衝突までの時間が長いほど，電界により加速される時間が長くなるので当然のことである．

一方，正孔のドリフト速度 v_p は次式で与えられる．

$$v_p = \mu_p \mathcal{E} \qquad (3.6)$$

式 (3.6) の右辺に負号がない理由は，電界の向きと正電荷をもつ正孔の移動する方向が一致しているためである．

■ 例題 3.1

GaAs の電子の移動度が $8500\,\mathrm{cm^2/V \cdot s}$ であるとき，電子の平均緩和時間 τ_c と平均自由行程 ℓ を求めなさい．また，電界の強さが $10^2\,\mathrm{V/cm}$ のときの電子のドリフト速度を求めなさい．ただし，電子の有効質量は $m_n = 0.067 m_0$，電子の熱速度は $v_{th} = 10^7\,\mathrm{cm/s}$ とする．

■ 解答

まず，平均緩和時間を求める．移動度の単位を $\mathrm{cm^2/V \cdot s}$ から $\mathrm{m^2/V \cdot s}$ に直すと $8500\,\mathrm{cm^2/V \cdot s} = 8500 \times 10^{-4}\,\mathrm{m^2/V \cdot s}$ であるから

$$\tau_c = \frac{m_n \mu_n}{q} = \frac{(0.067 \times 0.910 \times 10^{-30}) \times (8500 \times 10^{-4})}{1.602 \times 10^{-19}}$$
$$= 324.0 \times 10^{-15}\,[\mathrm{s}] = 0.324\,[\mathrm{ps}]$$

となる．これより，平均自由行程は

$$\ell = v_{th}\tau_c = 10^7 \times 324.0 \times 10^{-15} = 324.0 \times 10^{-8}\,[\mathrm{cm}] = 32.4\,[\mathrm{nm}]$$

また，電子のドリフト速度は

$$v_n = \mu_n \mathcal{E} = 8500 \times 10^2 = 8.5 \times 10^5\,[\mathrm{cm/s}]$$

となる．

ドリフト速度が大きいほど，言い換えれば移動度が大きいほどドリフト電流は大きくなる．移動度は式 (3.4) より平均緩和時間に依存する．平均緩和時間を決める要因として，つぎの 2 点が考えられる．

- **格子（フォノン）散乱**：格子原子の熱振動が格子による周期ポテンシャルを乱し，キャリアと格子との間でエネルギーのやりとりをする現象
- **不純物散乱**：キャリアがイオン化した不純物の付近を移動するときに，イオンによるクーロン力を受ける現象

図 3.2 にシリコンの電子移動度とドナー密度の関係を示す．ドナー密度が $10^{15}\,\mathrm{cm}^{-3}$ のときは移動度は約 $1500\,\mathrm{cm}^2/\mathrm{V\cdot s}$ であるが，ドナー密度が $10^{20}\,\mathrm{cm}^{-3}$ になると 1 桁以上小さくなっており，イオン化したドナーのクーロン力の影響が大きいことがわかる．

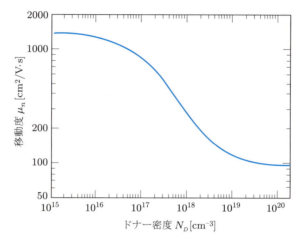

図 3.2　シリコンの電子移動度とドナー密度の関係

ドリフトによるキャリアの移動をエネルギーバンド図で考えてみよう．図 3.3 に n 型半導体のエネルギーバンド図を示す．図 (a) は電界なしの場合であり，エネルギーバンドはフラットである．しかし，図 (b) に示すように，n 型半導体試料の右側から電圧 $V_0 (>0)$ を印加したときに変化が生じる．まず，電位分布は図 (b) に示すように試料内で右肩上がりで単純増加する．しかし，エネルギーバンドは電位分布とは逆に左側が上がっている．そして，両端のエネルギー差は qV_0 となる．

この図の意味するところを考えてみよう．伝導帯にある電子は試料を左から右へ移動する．すなわち，伝導帯の底 E_C の傾斜を滑り落ちるように，ポテンシャルエネルギーの高いところから低いところへ移動するのである．このように伝導帯の電子に対しては，エネルギーバンドの傾きはそのままポテンシャルエネルギーの高低に一致している．しかし，正孔は電子と逆向きに移動するので，価電子帯の頂上 E_V の傾斜は正孔にとってのポテンシャルエネルギーの高低とは逆となっている．したがって，価電子帯の正孔に対しては E_V の低いほうが高いポテンシャルエネルギーであることを

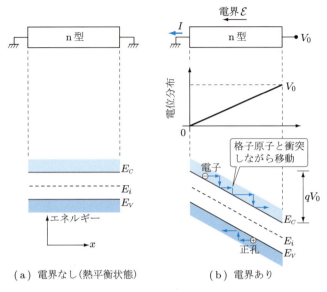

(a) 電界なし（熱平衡状態）　　（b) 電界あり

図 3.3　n 型半導体のエネルギーバンド

意味する．すなわち，正孔のもつエネルギーは下向きに大きくなる（その理由は付録 D にて説明する）．

　格子原子と衝突を繰り返して移動する電子の様子を細かく表現したものを，図(b)の伝導帯中に示している．電子が格子原子と衝突すると，電界からもらったエネルギーを失い伝導帯の底 E_C まで落下する．するとすぐに電界により加速されて右方向へ動き出す．しばらくすると，また衝突する．この繰り返しの平均的な速度がドリフト速度となっているのである．

　キャリアのドリフトにより発生する電流値を求めてみよう．図 3.4 に示す直方体の n 型半導体は長さ L，断面積 A，電子密度 n であり，右方向に電流 I_n が流れている．このとき電子電流密度は

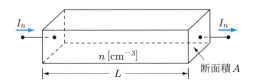

図 3.4　不純物分布が均一で，長さ L，断面積 A の n 型半導体における電気伝導

$$J_n = \frac{I_n}{A} = -qnv_n = qn\mu_n\mathcal{E} \tag{3.7}$$

と定まる.同様に,正孔電流密度は次式で定まる.

$$J_p = \frac{I_p}{A} = qpv_p = qp\mu_p\mathcal{E} \tag{3.8}$$

全電流密度 J はこれらの和であるから,

$$J = J_n + J_p = (qn\mu_n + qp\mu_p)\mathcal{E} \tag{3.9}$$

で求められる.ここに,上式の括弧内の値は電気伝導度 σ である.すなわち

$$\sigma = qn\mu_n + qp\mu_p \tag{3.10}$$

である.上式はドナーあるいはアクセプターの添加量によって電気伝導度が変化することを意味している.これがすなわち,図 1.2 に示した各種材料の電気伝導度のグラフにおいて,半導体の電気伝導度が 1 点に定まらない理由である.また,電気伝導度 σ の逆数が比抵抗である.

式 (3.9) で与えられる全電流密度は多数キャリアの密度で決まるので,実際には n 型半導体であれば J_n で決まり,p 型半導体であれば J_p で決まる.

■ 例題 3.2

ある p 型半導体において,アクセプタ密度が $10^{17}\,\mathrm{cm}^{-3}$ であった.すべてのアクセプタがイオン化しており,正孔の移動度が $500\,\mathrm{cm}^2/\mathrm{V\cdot s}$ であるとき,この半導体の電気伝導度と比抵抗を求めなさい.

■ 解答

電気伝導度は式 (3.10) よりつぎのように求められる.

$$\sigma = qp\mu_p = 1.602 \times 10^{-19} \times 10^{17} \times 500 = 8.01\ [\mathrm{S/cm}]$$

一方,比抵抗は電気伝導度の逆数であるから,上の結果より

$$\rho = \frac{1}{\sigma} = 0.125\ [\Omega\cdot\mathrm{cm}]$$

である.

3.3 ホール効果

ドリフト現象の応用の一つにホール測定がある．半導体に添加されたすべての不純物がイオン化して伝導電子，あるいは正孔を放出しているわけではない．実際のキャリア密度を測定するために，ホール効果とよばれる現象を用いる．

図 3.5 に測定方法を示す．断面積 A の直方体の p 型半導体試料に電圧 V が印加され，電流 I が流れている．また，試料の y 方向の厚さは W であり，y 方向の電位差 V_H を測定するための端子が取り付けられている．試料は $+z$ 方向の磁束密度 B_z の磁場中に置かれている．この試料の内部ではつぎのことが起こっている．

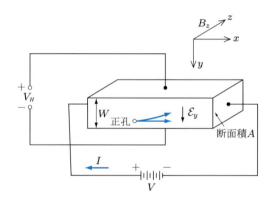

図 3.5 ホール効果を利用したキャリア密度測定の基本回路

- 試料中の正孔は電圧 V により $+x$ 方向に移動している（ドリフト）．
- 磁界 B_z により上向き（$-y$ 方向）のローレンツ力 qv_pB_z が正孔に作用する．
- そのため，試料上端に正孔が蓄積し，下向き（$+y$ 方向）の電界 $\mathcal{E}_y$ をつくる．
- 定常状態では y 方向に正孔の流れはないので，電界による力とローレンツ力が均衡している．すなわち，

$$q\mathcal{E}_y = qv_pB_z$$
$$\mathcal{E}_y = v_pB_z \tag{3.11}$$

が成り立つ．

ここで，試料に電圧 V を印加してドリフト電流 I を流す理由は，正孔を移動させてローレンツ力を作用させるためである．また，式 (3.11) から試料の y 方向に電界 $\mathcal{E}_y$ が発生しているが，これがホール効果の意味である．すなわちホール効果とは，磁場 B_z による電界 $\mathcal{E}_y$ の発生である．$\mathcal{E}_y$ をホール電界，$V_H = \mathcal{E}_yW$ をホール電圧とよぶ．

正孔電流密度が $J_p = qpv_p$ であるから

$$\mathcal{E}_y = \frac{J_p B_z}{qp} = R_H J_p B_z \tag{3.12}$$

が成り立つ. ここに, $R_H = 1/qp$ はホール係数とよばれる値であり, n 型半導体では $R_H = -1/qn$ となる.

以上のことから, ある電流および磁界におけるホール電圧よりキャリア密度が得られることがわかる. この例では, 正孔密度 p は

$$p = \frac{1}{qR_H} = \frac{J_p B_z}{q\mathcal{E}_y} = \frac{(I/A)B_z}{q(V_H/W)} = \frac{IB_z W}{qV_H A} \tag{3.13}$$

となり, 上式の右辺はすべて測定でわかる値であるため, この式から正孔密度 p の値を知ることができる.

3.4 拡散電流

水槽の水にインクを落とすと, 密度が均一になるようにインクが広がっていく. これと同じことが半導体でも起こる. すなわち, 電子あるいは正孔が不均一に分布しているとき, 濃度の高いほうから低いほうへ移動する. これを拡散といい, 電荷をもつ粒子の移動であるから電流となる.

図 3.6(a) に示すように, n 型半導体の左側から正孔が注入されている. n 型半導体の中では正孔は少数キャリアであるから, 注入された正孔は右方向へ拡散していく. n 型半導体中に電界はない. この拡散現象から得られる電流値を考えてみよう.

右方向へ拡散していく正孔は多数キャリアである電子と出会う. 正孔は電子の抜け穴であるから, 出会った電子と正孔は消滅してしまう (再結合とよぶ). したがって, 正孔は徐々に減少しながら右方向へ拡散していき, 十分な距離を移動すると熱平衡状態の n 型半導体中の正孔密度 p_{n0} に落ち着く (完全に消滅するわけではない). 正孔の減少は指数関数的なので, その分布は次式の形となる.

$$p(x) \propto \exp\left(-\frac{x}{L_p}\right) \tag{3.14}$$

ここに, L_p は正孔の拡散長とよばれる値であり, この値が大きいほど拡散距離が長くなる.

正孔密度の分布 $p(x)$ を求めてみよう. つぎの二つの境界条件を用いる. すなわち, (i) 試料の左端面 $x = 0$ での正孔密度を $p(0) = p'_n$, また (ii) 十分遠方での正孔密度は熱平衡状態の値と一致するので $p(\infty) = p_{n0}$ が成り立つ. この二つの境界条件より,

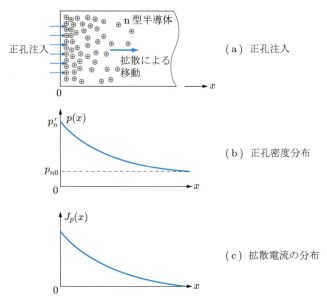

図 3.6 n 型半導体に注入された正孔の拡散の様子

$p(x)$ は

$$p(x) = (p'_n - p_{n0}) \exp\left(-\frac{x}{L_p}\right) + p_{n0} \tag{3.15}$$

と得られる．

拡散電流は正孔分布 $p(x)$ の不均一さ，すなわち勾配 dp/dx で決まる．このとき

- 正孔の拡散の向きは左から右
- 正孔電流の向きも左から右（正電荷の粒子であるため）
- $p(x)$ は単調減少なので，その微係数 dp/dx は負
- 正孔が単位時間に単位断面積を通過する数 N_p は dp/dx に比例する

となるので，正孔電流は次式で与えられる．

$$J_p(x) = qN_p = -qD_p\frac{dp(x)}{dx} \tag{3.16}$$

ここに D_p は正孔の拡散係数とよばれる値であり，平均自由行程 ℓ と熱速度 v_{th} を用いて次式で与えられる．

$$D_p = v_{th}\ell \tag{3.17}$$

式 (3.16) に式 (3.15) を代入すると，n 型半導体中の正孔拡散電流の分布が次式で与えられ，図 (c) に示す概形となる．

$$J_p(x) = \frac{p'_n - p_{n0}}{L_p} q D_p \exp\left(-\frac{x}{L_p}\right) \tag{3.18}$$

一方，電子の拡散電流の場合は，式 (3.16) において，電子の拡散係数 D_n および電子密度 $n(x)$ を用いて次式で与えられる．

$$J_n(x) = q D_n \frac{dn(x)}{dx} \tag{3.19}$$

式 (3.16) のように，右辺に負号が付かない．これは，電子密度分布の微係数が負のとき（$dn/dx < 0$），電子拡散電流は x の負の方向に流れるからである．

ドリフトと拡散が同時に起こっている場合は，ドリフト電流と拡散電流の和が全電流となる．

3.5 移動度と拡散係数の関係

拡散電流の大きな半導体では，電界によるドリフト電流も大きな値となる．すなわち，拡散係数と移動度は独立した値ではない．その関係を見てみよう．

電気伝導は一次元のキャリアの移動であるから，エネルギー等配則において一次元だけを考えると次式が成り立つ．

$$\frac{1}{2} m_n v_{th}^2 = \frac{1}{2} kT \tag{3.20}$$

このとき，拡散係数の定義式 (3.17)，平均自由行程の定義（3.1 節）および移動度の定義式 (3.4) より

$$\begin{aligned} D_n &= v_{th}\ell = v_{th}(v_{th}\tau_c) = v_{th}^2 \frac{\mu_n m_n}{q} = \left(\frac{kT}{m_n}\right)\left(\frac{\mu_n m_n}{q}\right) \\ &= \frac{kT}{q}\mu_n \end{aligned} \tag{3.21}$$

が得られる．すなわち，拡散係数 D_n と移動度 μ_n は比例関係にある．式 (3.21) をアインシュタインの関係式とよぶ．

シリコン，ガリウムヒ素などの無機半導体の移動度は，正孔より電子のほうが大きい．すなわち，$\mu_n > \mu_p$ であり，上式より，$D_n > D_p$ である．シリコンの電子拡散係数 D_n は正孔の D_p の約 3 倍である．したがって，高速トランジスタでは主に電子をキャリアとして用いる．

34 | Chapter 3　半導体中のキャリア輸送現象

■ 例題 3.3

室温の n 型シリコンの電子移動度が $1500\,\mathrm{cm^2/V\cdot s}$ であるとき，電子の拡散係数を求めなさい．また，電子の密度勾配が $0.5\,\mathrm{cm}$ の間で直線的に $5\times10^{18}\,\mathrm{cm^{-3}}$ だけ減少しているとき，電子の拡散電流密度を求めなさい．

■ 解答

アインシュタインの関係式より，電子の拡散係数は

$$D_n = \frac{kT}{q}\mu_n = \frac{(1.381 \times 10^{-23}) \times 300}{1.602 \times 10^{-19}} \times 1500 = 38.80\ [\mathrm{cm^2/s}]$$

と求められる．この値を用いて，拡散電流密度は

$$J_n = qD_n\frac{dn}{dx} = 1.602 \times 10^{-19} \times 38.80 \times \left(-\frac{5 \times 10^{18}}{0.5}\right)$$

$$= -62.2\ [\mathrm{A/cm^2}]$$

となる．電子の拡散は x 軸の正の方向であるが，電流の向きは逆である．

3.6　キャリアの生成と再結合

　半導体デバイスを動作させるとは，pn 接合ダイオードやトランジスタに電界を印加して電流を流したり，太陽電池のように光照射により電流を流したりすることである．これには，熱平衡状態よりもキャリア数が増加している状態，すなわち過剰キャリアの振る舞いを考えなければならない．

　過剰キャリアが発生すると，熱平衡状態に戻ろうとするため，電子と正孔の再結合が起こる．この再結合過程は大きく二つに分けられる．一つは直接再結合であり，伝導帯の電子と価電子帯の正孔が媒介を必要とせずに直接再結合をするものである．これはガリウムヒ素などの蛍光材料として使用される半導体で主に観測され，発光波長は伝導帯の底 E_C と価電子帯の頂上 E_V の差，すなわちバンドギャップ E_g に相当する．ほかの再結合過程は間接再結合とよばれる．これはシリコンなど非蛍光材料にみられ，再結合によりバンドギャップ E_g に相当する熱を生み出す．前者を直接遷移型半導体，後者を間接遷移型半導体とよぶ（付録 C）．また，格子欠陥や不純物などによる結晶の乱れを原因とするエネルギーバンド構造の乱れに影響される再結合もある．

　本節では，まず直接遷移型半導体における熱平衡状態における生成と再結合について理解し，そのあと過剰キャリアの影響を学習する．

3.6.1 ■ 熱平衡状態における生成と再結合

　熱平衡状態においては，一定の熱エネルギーによって共有結合が切断されて電子と正孔の対生成が起こっている．このとき，再結合も同時に起こっており，両者のバランスが安定して電子密度と正孔密度が一定値を保っていると考えられる．ここで，熱平衡状態での生成割合 G_{th} とは，単位時間に $1\,\mathrm{cm}^3$ あたりに生成される電子・正孔対の数と定義される．一方，熱平衡状態での再結合割合 R_{th} とは，単位時間に $1\,\mathrm{cm}^3$ あたりに再結合により消滅する電子・正孔対の数と定義される．電子密度と正孔密度は一定数となるため，$G_{th} = R_{th}$ が成り立つ．ここで理解すべき点は，第2章で計算方法を学んだ電子密度 n と正孔密度 p は，生成と再結合を常に繰り返している状態，すなわちある種の新陳代謝が行われている状態で一定数を保っていることである．そのイメージを図 3.7(a) に示す．

　n 型半導体でのキャリア生成と再結合を考えよう．まず，熱平衡状態では次式が成り立つ．

$$G_{th} = R_{th} = B n_{n0} p_{n0} \tag{3.22}$$

ここに，B はある定数である．すなわち，生成割合と再結合割合は電子密度と正孔密度に比例する．

　直接遷移型半導体では，過剰キャリアが注入されると直接再結合がすみやかに起こり，熱平衡状態に戻る．直接再結合割合を R とすると，次式が成り立つ．

$$R = B n_n p_n \tag{3.23}$$

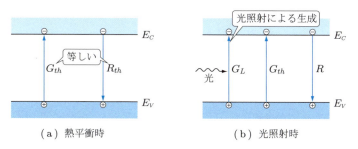

図 3.7　電子・正孔対の直接生成および再結合

3.6.2 ■ 非熱平衡状態：光照射時における生成と再結合

　つぎに，過剰キャリアの生成方法として 均一に光照射されている n 型半導体を考える．一定強度の光を照射し続けてキャリアが過剰に生成されている状態を定常的に作り出し，ある時刻にその光照射を停止したあとの過剰キャリアの減少の様子を検討し

よう.

　光照射により G_L の生成割合で電子・正孔対が生成されている様子が図 (b) である. このとき, 過剰キャリア密度を考慮して式 (3.23) を書き改めると

$$R = Bn_n p_n = B(n_{n0} + \Delta n)(p_{n0} + \Delta p) \tag{3.24}$$

となる. ここに, Δn および Δp は電子および正孔の過剰キャリア密度であり, $\Delta n = n_n - n_{n0}$, $\Delta p = p_n - p_{n0}$ である. また, 光照射は対生成であるため, $\Delta n = \Delta p$ が常に成り立つ.

　光照射による生成割合 G_L を考慮した全体の生成割合は $G = G_L + G_{th}$ であるため, n 型半導体の少数キャリア p_n の時間変化は次式で与えられる.

$$\frac{dp_n}{dt} = G - R = G_L + G_{th} - R \tag{3.25}$$

　電子密度と正孔密度が一定となっている定常状態では, 光照射による生成割合 G_L に等しい過剰キャリアの再結合割合 (実効再結合割合) U が存在するはずである. 定常状態では, 上式の左辺 $dp_n/dt = 0$ なので, 次式が成り立つ.

$$\begin{aligned} U &= G_L = R - G_{th} \\ &= B\{(n_{n0} + \Delta n)(p_{n0} + \Delta p) - n_{n0}p_{n0}\} = B(n_{n0} + p_{n0} + \Delta p)\Delta p \end{aligned} \tag{3.26}$$

　ここで, 過剰な正孔密度 Δp が熱平衡状態の n 型半導体の多数キャリア密度 n_{n0} より十分小さい, すなわち低注入であるとしよう. なおかつ $p_{n0} \ll n_{n0}$ であるため, 式 (3.26) よりつぎの表現が得られる.

$$U = Bn_{n0}\Delta p = \frac{p_n - p_{n0}}{1/Bn_{n0}} = \frac{p_n - p_{n0}}{\tau_p} \tag{3.27}$$

　上式の $\tau_p = 1/Bn_{n0}$ の意味を考えよう. 光照射時の n 型半導体中の正孔密度 (少数キャリア密度) を $p_n(t)$ $(t \leq 0)$ とする. 時刻 $t = 0$ に光照射を停止させると, それ以降は過剰な正孔と電子が再結合により徐々に消滅していくため, 正孔密度は $t \geq 0$ において図 3.8 に示すように指数関数的に減少して, やがて熱平衡状態の正孔密度 p_{n0} に収束するはずである.

　この $t \geq 0$ での正孔密度の減少する様子を定量的に見てみよう. 光照射により G_L の生成割合で電子・正孔対が生成されている定常状態 $(t \leq 0)$ では, 過剰な正孔密度 Δp は

$$\Delta p = p_n(t) - p_{n0} = \tau_p G_L \tag{3.28}$$

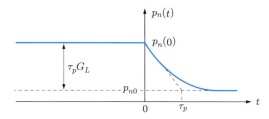

図 3.8　光照射された n 型半導体の少数キャリア密度．
時刻 $t=0$ にて光照射を停止している．

と定まるため，正孔密度の時間変化 $p_n(t)$ は

$$p_n(t) = p_{n0} + \tau_p G_L \quad (t \leq 0) \tag{3.29}$$

となる．$t=0$ で光照射を停止したとき，$p_n(t)$ を求めるための境界条件は，$t=0$ での光照射時の正孔密度，そして $t=\infty$ での熱平衡状態の正孔密度の 2 点であるから，

$$p_n(0) = p_{n0} + \tau_p G_L, \quad p_n(\infty) = p_{n0} \tag{3.30}$$

である．光照射を停止した後は，式 (3.25) において $G_L = 0$ とおくと

$$\frac{dp_n}{dt} = G_{th} - R = -U = -\frac{p_n - p_{n0}}{\tau_p} \tag{3.31}$$

となり，この二つの境界条件を用いてこれを解くと，正孔密度の時間依存性として次式を得る．

$$p_n(t) = p_{n0} + \tau_p G_L \exp\left(-\frac{t}{\tau_p}\right) \tag{3.32}$$

すなわち，少数キャリアである過剰な正孔は多数キャリアである電子と再結合して時定数 τ_p で指数関数的に減少し，やがて熱平衡状態に落ち着くことになる．ここに，τ_p を過剰少数キャリア寿命とよぶ．

材料物性分野で用いられる「寿命」とは，このようなキャリア密度の減少の度合いを示す時定数，あるいは光強度の減少の度合いを示す時定数などを指す．つまり，電子や正孔の個々の生成や消滅を確認する術はないので，集団としての減少の速度がわかる時定数を寿命としている．

38 | Chapter 3 半導体中のキャリア輸送現象

■ 例題 3.4

ある n 型半導体の熱平衡電子密度が $n_{n0} = 10^{14}\,\mathrm{cm}^{-3}$ であった．この半導体の熱平衡時の正孔密度を求めなさい．さらに，この半導体に一定強度の光照射を続けたとき，正孔密度が $p_n = 5 \times 10^{13}\,\mathrm{cm}^{-3}$ となった．このときの光照射による生成割合 $G_L = U$ を求めなさい．また，$t = 0$ で光照射を止めた後の正孔密度の時間変化を示す式を導出しなさい．ただし，真性キャリア密度 $n_i = 8.5 \times 10^9\,\mathrm{cm}^{-3}$，過剰少数キャリア寿命 $\tau_p = 5\,\mu\mathrm{s}$ とする．

■ 解答

質量作用則（式 (2.26)）より，熱平衡時の正孔密度は

$$p_{n0} = \frac{n_i^2}{n_{n0}} = \frac{72.25 \times 10^{18}}{10^{14}} = 7.23 \times 10^5\ [\mathrm{cm}^{-3}]$$

である．一方，光照射による生成割合は，式 (3.27) より

$$G_L = \frac{p_n - p_{n0}}{\tau_p} = \frac{5 \times 10^{13} - 7.23 \times 10^5}{5 \times 10^{-6}} \approx 1.0 \times 10^{19}\ [\mathrm{cm}^{-3}/\mathrm{s}]$$

となる．すなわち，単位体積あたり毎秒 1.0×10^{19} 個の電子・正孔対が光照射により生成していることになる．そして光照射が続いているとき，$\tau_p G_L = 5.0 \times 10^{13}$ 個の過剰少数キャリアが存在している．

正孔（少数キャリア）密度の時間変化を表す式 (3.32) より

$$
\begin{aligned}
p_n(t) &= p_{n0} + \tau_p G_L \exp\left(-\frac{t}{\tau_p}\right) \\
&= 7.23 \times 10^5 + 5 \times 10^{-6} \times 1.0 \times 10^{19} \times \exp\left(-\frac{t}{5 \times 10^{-6}}\right) \\
&= 7.23 \times 10^5 + 5 \times 10^{13} \times \exp(-2 \times 10^5\, t)\ [\mathrm{cm}^{-3}] \quad (t \geq 0)
\end{aligned}
$$

となる．

3.6.3 ■ 格子欠陥の影響

図 3.9(a) に示すように結晶内の不純物原子やさまざまな格子欠陥が生じると，結晶の周期性が乱れるためにエネルギーバンド構造にも乱れが生じ，イオン化エネルギーの大きい深い準位がバンドギャップ中に生じる．これを再結合中心 E_r とよぶ．なお，ドナーとアクセプタは浅い準位をつくる．

再結合中心が存在すると，電子と正孔の過剰キャリアのどちらか一方が再結合中心に捕獲され，そこにほかのキャリアが出会って再結合する．再結合中心を仲介する電

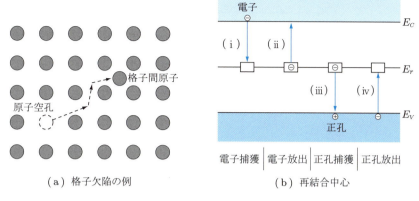

(a) 格子欠陥の例　　　　　　(b) 再結合中心

図 3.9　結晶内に生じる格子欠陥の例と再結合中心を介する間接再結合

子と正孔の再結合は，図 (b) に示す主に四つの過程 (i) 電子捕獲，(ii) 電子放出，(iii) 正孔捕獲（価電子帯への電子の放出と等価），(iv) 正孔放出（価電子帯から再結合中心への電子の捕獲と等価）に分けられる．たとえば，図 (b) の (i) 電子捕獲により E_r は負に帯電し，そこに (iv) 正孔放出により再結合が生じ中性となる．間接再結合の再結合割合は式 (3.27) と同じ形となるが，τ_p の値は再結合中心の位置に依存する．格子欠陥が多いほど過剰キャリアの寿命が短くなることは容易に想像できるであろう．

再結合中心を介する再結合は，そこに電流が集中することを意味しており，素子の発熱の原因になる．LED やレーザダイオードの発光強度が徐々に低下してやがて寿命となるのも，再結合中心による発熱が徐々に格子欠陥を増やすためである．また電子デバイスでも，格子欠陥は発熱，および移動度の低下を招いてしまう．デバイス応用の観点から，格子欠陥の少ない半導体結晶の作製が重要である．

3.7　連続の式

半導体においてドリフト，拡散，再結合が同時に起こっているときの電気伝導の記述方法を知る必要がある．図 3.10 に示すように，断面積 A の直方体の形をした p 型半導体に電圧 V が印加されている．微小区間 dx における p 型半導体中の電子密度 n_p の変化の割合は次式で与えられる．

$$\frac{\partial n_p}{\partial t} A dx = \left[\frac{J_n(x) A}{-q} - \frac{J_n(x+dx) A}{-q} \right] + (G_n - R_n) A dx \quad (3.33)$$

この式の左辺は，電子の時間域での変化率 × 体積 (Adx) を示している．また，右辺第 1 項（角括弧の部分）は電流により搬入される単位時間あたりの電子数を示し，第

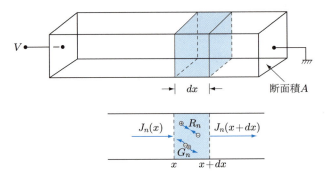

図 3.10 微小な dx 中の電流と生成・再結合過程

2 項は体積 (Adx) 中での電子の生成割合 (G_n) と再結合割合 (R_n) の差を示している．$x+dx$ における電流の式をテーラー展開すると

$$J_n(x+dx) = J_n(x) + \frac{\partial J_n}{\partial x}dx + \cdots \tag{3.34}$$

となる．上式の二階微分以上の項を無視して式 (3.33) に代入すると次式を得る．

$$\frac{\partial n_p}{\partial t} = \frac{1}{q}\frac{\partial J_n}{\partial x} + G_n - R_n \tag{3.35}$$

上式につぎの 2 式を代入する．

$$J_n = q\mu_n n_p \mathcal{E} + qD_n \frac{dn_p}{dx} \tag{3.36}$$

$$R_n = \frac{n_p - n_{p0}}{\tau_n} \tag{3.37}$$

ここに，式 (3.36) は電子のドリフト電流と拡散電流の和を与える式であり，式 (3.37) は p 型半導体中の過剰少数キャリア（電子）の再結合割合である．代入の結果，電子密度に対する連続の式が得られる．

$$\frac{\partial n_p}{\partial t} = \mu_n n_p \frac{\partial \mathcal{E}}{\partial x} + \mu_n \frac{\partial n_p}{\partial x}\mathcal{E} + D_n \frac{\partial^2 n_p}{\partial x^2} + G_n - \frac{n_p - n_{p0}}{\tau_n} \tag{3.38}$$

同様に，p 型半導体中の正孔密度（多数キャリア）の連続の式はつぎのようになる．

$$\frac{\partial p_p}{\partial t} = -\mu_p p_p \frac{\partial \mathcal{E}}{\partial x} - \mu_p \frac{\partial p_p}{\partial x}\mathcal{E} + D_p \frac{\partial^2 p_p}{\partial x^2} + G_p - \frac{p_p - p_{p0}}{\tau_p} \tag{3.39}$$

キャリア生成が対生成のときのみ，上 2 式において $G_n = G_p$ となる．

3.8 高電界効果

ドリフト速度は移動度と電界の積で与えられるから，電界に比例する．ただし，この比例関係は高電界では成り立たなくなり，ドリフト速度はある値の高電界において飽和することが知られている．この原因は，キャリアが電界から得たエネルギーの一部を格子に与えてしまい，格子散乱で消費されるためである．飽和を考慮したドリフト速度の電界依存性は次式で与えられる．

$$v_n, v_p = \frac{v_0}{\left\{1 + \left(\frac{\mathcal{E}_0}{\mathcal{E}}\right)^\gamma\right\}^{1/\gamma}} \tag{3.40}$$

ここに，v_0 は飽和ドリフト速度であり，室温のシリコンの電子であれば約 $10^7 \, \mathrm{cm/s}$ である．$\mathcal{E}_0$ は室温のシリコンの電子であれば約 $7 \times 10^3 \, \mathrm{V/cm}$ であり，正孔であれば約 $2 \times 10^4 \, \mathrm{V/cm}$ である．また，γ は電子であれば 2，正孔であれば 1 である．式 (3.40) で与えられるドリフト速度の電界依存性のグラフの概形を図 3.11 に示す．

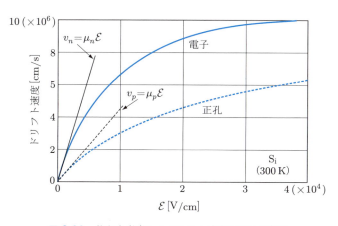

図 3.11　飽和を考慮したドリフト速度の電界依存性

高電界における特殊なキャリア輸送のほかの例として，なだれ降伏（衝突電離過程）がある．これは高電界によって大きなエネルギーをもったキャリアが格子原子と衝突してその共有結合の結合手を切り，電子・正孔対生成を起こす現象である．この繰り返しで多数のキャリアを生成し，電流の急激な増加を引き起こす．なだれ降伏の様子を図 3.12 に示す．なだれ降伏の応用として，高感度光検出器がある．光検出器になだれ降伏が起こる電界を印加しておけば，微弱な光を吸収しても大電流を流すことができる．

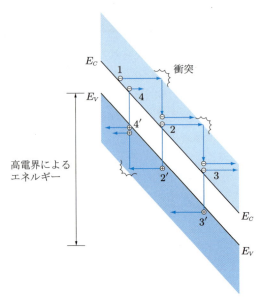

図 3.12 なだれ降伏

演習問題

3.1 室温（300 K）におけるシリコン結晶の真性キャリア密度と抵抗率を求めなさい．ただし，$\mu_n = 1500\,\mathrm{cm^2/V \cdot s}$, $\mu_p = 500\,\mathrm{cm^2/V \cdot s}$, $E_g = 1.11\,\mathrm{eV}$ とし，簡単のため $m_n = m_p = m_0 = 0.911 \times 10^{-30}$ kg とする．

3.2 n 型半導体における正孔の移動度を測定する実験（ヘインズ・ショックレーの実験）を行った．長さ 0.7 cm の n 型半導体に 10 V を印加し，電極から正孔パルスを注入したところ，30 µs で反対側の電極に到達した．正孔の移動度はいくらか．

3.3 p 型シリコンの正孔密度が演習問題 2.4 で求めた値であるとき，この結晶の 300 K における抵抗率を求めなさい．ただし，$\mu_p = 500\,\mathrm{cm^2/V \cdot s}$ とする．

3.4 電気伝導度 $\sigma = 0.6\,\mathrm{S/m}$, $\mu_n = 1500\,\mathrm{cm^2/V \cdot s}$, $\mu_p = 500\,\mathrm{cm^2/V \cdot s}$ の n 型半導体の電子密度と正孔密度を求めなさい．ただし，真性キャリア密度 $n_i = 2 \times 10^{10}\,\mathrm{cm^{-3}}$ とする．

3.5 n 型シリコンに連続光を照射したときの過剰少数キャリア密度 Δp を求めなさい．ただし，生成割合 $G_L = 10^{16}\,\mathrm{cm^{-3}/s}$, ドナー密度 $N_D = 10^{15}\,\mathrm{cm^{-3}}$, 過剰少数キャリア寿命 $\tau_p = 30\,\mathrm{\mu s}$ とする．

3.6 p 型半導体に一定強度の光を照射した．光照射を開始したときの時刻を $t = 0$ として，過渡状態における電子密度を求めなさい．ただし，電子の過剰少数キャリア寿命を τ_n, 電子・正孔対の生成割合を G とし，素子に電流は流れていないものとする．

3.7 n 型半導体に注入された正孔密度が式 (3.15) で与えられるとき，その注入された電荷量 Q_p を求めなさい．

3.8 つぎの半導体の室温における μ_n, μ_p, 比誘電率を調べなさい．
　　　Si, GaAs, GaSb, InP, CdTe

Chapter 4

pn接合ダイオード

一つの半導体結晶の中でp型の領域とn型の領域が接している，いわゆるpn接合は，電流－電圧特性が整流性を示すなど特異な性質をもつため，ダイオードは半導体デバイスのもっとも基本的な素子である．ダイオードは1層のpn接合を有し，バイポーラトランジスタは2層，そしてサイリスタは3層を有している．したがって，pn接合を理解なくしては本書でこの後解説するバイポーラトランジスタと電界効果トランジスタの動作原理を理解することは不可能である．また，太陽電池，発光ダイオード，半導体レーザにもpn接合が用いられている．

本章ではpn接合ダイオードの整流性を示す電流－電圧特性の理論式を導出する．そのために，まず印加電圧のない熱平衡状態のpn接合のエネルギーバンド構造の姿を知ることから始める．

4.1 階段接合の空乏層，内蔵電位の形成

階段接合とは，p型半導体とn型半導体とが接触している境界が急峻であり，なおかつ両者の不純物濃度がほぼ同じ値のときである．この階段接合のエネルギーバンド構造を考える前に，準備すべき項目がいくつかある．

4.1.1 ■ ポアソン方程式

半導体の内部に存在する電荷によって発生する電界および電位分布を知るためには，ポアソン方程式を用いるのが簡単な方法である．電荷密度 ρ によって一次元方向 x に生じる電位（静電ポテンシャル）Ψ の関係は次式で定まる．

$$\frac{d^2\Psi}{dx^2} = -\frac{\rho(x)}{\varepsilon_s} \tag{4.1}$$

ここに，ε_s は半導体の誘電率である．

ここで，電界 $\mathcal{E}$ と電位分布の関係を考えると，電界 $\mathcal{E}$ は電位分布の負の勾配であるから，

$$\mathcal{E} = -\frac{d\Psi}{dx} \tag{4.2}$$

の関係があり，電荷密度を含めてつぎのポアソン方程式が成り立つ．

44 | Chapter 4 pn 接合ダイオード

$$\frac{d^2\Psi}{dx^2} = -\frac{d\mathcal{E}}{dx} = -\frac{\rho(x)}{\varepsilon_s} \tag{4.3}$$

また，電位とはエネルギーを電荷で割った値で定義されるので，エネルギーバンドと電位 Ψ を対応させることができる．エネルギーバンド図では，真性フェルミ準位 E_i を用いて電位を定義する．

$$\Psi = -\frac{E_i}{q} \tag{4.4}$$

真性フェルミ準位は伝導帯の底 E_C および価電子帯の頂上 E_V の中間に位置するため，それらと平行である．したがって，式 (4.4) において E_i の代わりに E_C あるいは E_V を用いてもよい．

図 3.3(b) をもう一度見てみよう．これは半導体試料に電圧 V_0 を印加したときの電位分布とエネルギーバンド構造の図である．印加電圧により試料内部に均一に電界が分布していると仮定すると，E_C，E_V および E_i は，式 (4.4) の負号のため電位分布とは反対の傾きになる．また，試料両端のエネルギー差は式 (4.4) より qV_0 となる．

4.1.2 ■ 熱平衡状態のフェルミ準位 E_f

真性フェルミ準位 E_i は，半導体内部の電界により E_C と E_V が変化するとそれらと平行となるように変化するが，一方のフェルミ準位 E_f は真性フェルミ準位とは異なる振る舞いを示す．ここでは，外部から光，電場などが与えられておらず，温度一定である熱平衡状態において，フェルミ準位 E_f が試料の全領域で一定となることを示す．

正孔電流密度はドリフト電流と拡散電流の和で表され，とくに熱平衡状態であればその和はゼロとなる．すなわち，

$$J_p = q\mu_p p\mathcal{E} - qD_p\frac{dp}{dx} = q\mu_p p\left(\frac{1}{q}\frac{dE_i}{dx}\right) - kT\mu_p\frac{dp}{dx} = 0 \tag{4.5}$$

である．式 (4.5) では，前項の説明から $\mathcal{E} = \frac{1}{q}\frac{dE_i}{dx}$ が成り立つこと，さらにアインシュタインの関係式 (3.21) より $D_p = \frac{kT}{q}\mu_p$ が成り立つことを利用している．

上式に，正孔密度 $p = n_i\exp\{(E_i - E_f)/kT\}$ およびその微分

$$\frac{dp}{dx} = \frac{p}{kT}\left(\frac{dE_i}{dx} - \frac{dE_f}{dx}\right) \tag{4.6}$$

を代入すると次式を得る．

$$J_p = \mu_p p\frac{dE_f}{dx} = 0 \tag{4.7}$$

正孔の移動度 μ_p と正孔密度 p はゼロにはならないので，上式は $dE_f/dx = 0$ であることを示している．電子電流でも同様の結果が得られる．すなわち，フェルミ準位 E_f は位置 x に依存せず一定値である．であるならば，熱平衡状態の pn 接合でもフェルミ準位は全領域で一定となるようにエネルギーバンド構造が定まるはずである．

第 2 章で説明したように，n 型半導体のフェルミ準位は式 (2.16) より伝導帯の底 E_C に近づく．一方，p 型半導体のフェルミ準位は式 (2.17) より価電子帯の頂上 E_V に近づく．これを図に示したものが図 4.1(a)，(b) である．したがって，pn 接合においては，図 (c) に示すように，フェルミ準位が一定となるように両者のエネルギーバンドがずれて結合することになる．このときの接合面付近でのエネルギーバンドの様子は，pn 接合面付近のエネルギーバンドが曲がることで実現される．pn 接合ダイオードの電流－電圧特性を知るためには，この pn 接合面でのエネルギーバンドの様子がわかればよく，次項以降で詳しく説明する．

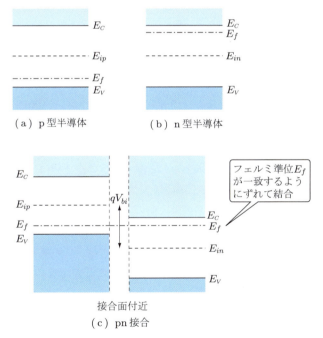

図 4.1 pn 結合のエネルギーバンド構造．E_{ip} および E_{in} は，p 型および n 型半導体の真性フェルミ準位である．

4.1.3 ■ 階段接合のエネルギーバンド構造

pn 接合を作製するとその接合面付近では何が起こっているのか，順を追って説明する．

(1) 接合面付近では電子と正孔の密度差が大きくなる．すなわち，電子密度は (n 型半導体 ≫ p 型半導体) であり，正孔密度はその逆である．そのため，接合面付近ではこのキャリア密度の勾配により拡散が起こる．電子は n 型半導体から p 型半導体へ拡散し，正孔は p 型半導体から n 型半導体へ拡散する（図 4.2(a)）．

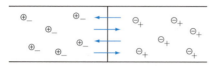
(a) 接合面付近のキャリアの拡散

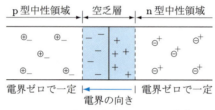
(b) キャリアの拡散が止まった状態

図 4.2 pn 結合における空乏層の形成

(2) 拡散した電子と正孔は再結合により消滅する．すなわち，接合面付近ではキャリアの存在しない領域が生じ，これを空乏層とよぶ．キャリアが消滅してもイオン化した不純物は共有結合に組み込まれているため動くことができず，空乏層内に残ることになる．このとき，n 型半導体の空乏層にはドナーが陽イオンとして残り，p 型半導体の空乏層にはアクセプタが陰イオンとして残るため，電気二重層を形成する．これらの陽と陰のイオンは空間電荷であるため，空乏層のことを別名，空間電荷領域ともよぶ（図 (b)）．

(3) 空間電荷による電気二重層のために電界が生じる．この電界の向きは陽イオンから陰イオンへとなる（図 (b) の青い矢印）．ここで注意すべきは，この電界の向きは電子と正孔の拡散を妨げる方向となっていることである．すなわち，電子と正孔の拡散が進み，空間電荷による電界がある一定の強度になると，電子と正孔の拡散が止まることになる．

(4) キャリア密度の勾配による拡散が電界によるドリフトにより打ち消されて新しい熱平衡状態となっている．このため，フェルミ準位も全領域で一定である．

(5) 空乏層の外側はキャリアとイオンが同数であるから，電気的に中性であり電界は生じない．しかし，空乏層にはイオンによる電界が生じており，そのため，p 型と n 型の電気的中性領域に電位差が生じる．これを内蔵電位とよぶ．

(6) p 型と n 型の中性領域のエネルギーバンドのズレは，図 4.1(c) より両者の真性
フェルミ準位 E_{ip} と E_{in} の差である．

4.1.4 ■ pn 階段接合の内蔵電位の計算

pn 接合では，内蔵電位と空乏層幅がわかれば電流 – 電圧特性が決まる．まず，内蔵
電位を求めよう．

半導体中のドナー密度 N_D，アクセプタ密度 N_A，電子密度 n，および正孔密度 p の
とき，式 (4.3) のポアソン方程式は

$$\frac{d^2\Psi}{dx^2} = -\frac{d\mathcal{E}}{dx} = -\frac{q}{\varepsilon_s}(N_D - N_A + p - n) \tag{4.8}$$

となる．このとき，p 型中性領域では $N_D = 0$ であり，電子密度と正孔密度は $p \gg n$
であるから，その静電ポテンシャル Ψ_p は

$$\frac{d^2\Psi_p}{dx^2} = -\frac{q}{\varepsilon_s}(-N_A + p) \tag{4.9}$$

となる．しかし，中性領域は電界 $\mathcal{E}$ の傾きがゼロ（実際には $\mathcal{E} = 0$ で一定）なので，

$$\frac{d^2\Psi_p}{dx^2} = -\frac{d\mathcal{E}}{dx} = 0 \tag{4.10}$$

が成り立つ．よって，式 (4.9),(4.10) より $p = N_A$ が成り立つ．これは，正孔密度と
イオン化したアクセプタの数が等しくなり，電気的に中性であることを意味する．こ
れが図 4.2(b) に示す p 型中性領域である．さらに計算を進めると，正孔密度の式

$$p = N_A = n_i \exp\left(\frac{E_{ip} - E_f}{kT}\right) \tag{4.11}$$

より

$$E_{ip} - E_f = kT \ln \frac{N_A}{n_i} \tag{4.12}$$

が得られる．電位（静電ポテンシャル）の定義は，式 (4.4) では真性フェルミ準位 E_i
を用いたが，熱平衡状態の pn 接合はフェルミ準位 E_f が全領域で一定なので，E_f を
基準とするほうが内蔵電位を求めやすい．すると上式より，p 型中性領域の静電ポテ
ンシャルは

$$\Psi_p = -\frac{1}{q}(E_{ip} - E_f) = -\frac{kT}{q} \ln \frac{N_A}{n_i} \tag{4.13}$$

となる．同様に，n 型中性領域の静電ポテンシャルは，

48 | Chapter 4　pn 接合ダイオード

$$\Psi_n = -\frac{1}{q}(E_{in} - E_f) = \frac{kT}{q}\ln\frac{N_D}{n_i} \tag{4.14}$$

となる．内蔵電位 V_{bi} は，図 4.1(c) に示す p 型および n 型中性領域の真性フェルミ準
位の差と一致するから，$V_{bi} = \Psi_n - \Psi_p$ であることは明らかである．したがって，内
蔵電位は次式で与えられる．

$$V_{bi} = \Psi_n - \Psi_p = \frac{1}{q}(E_{ip} - E_{in}) = \frac{kT}{q}\ln\frac{N_A N_D}{n_i^2} \tag{4.15}$$

この式から，内蔵電位は両領域の不純物濃度に依存することがわかる．

4.1.5 ■ pn 階段接合の空乏層幅の計算

　つぎに空乏層の幅を求めよう．これは p 型半導体と n 型半導体の不純物濃度を用い
てポアソン方程式を解けばよい．

　図 4.3(a) に示す pn 接合は，$x = 0$ を接合面の位置，$x = x_n$ を n 型半導体の空乏
層と電気的中性領域の境目とし，$x = -x_p$ を p 型半導体の空乏層と電気的中性領域の
境目としている．すなわち，空乏層幅は $W = x_n + x_p$ である．

　ドナー密度，アクセプタ密度をそれぞれ N_D および N_A とすると，電荷はそれぞれ
qN_D および $-qN_A$ となるので，空間電荷分布は図 (b) に示すものとなり，空乏層の外
側は電気的中性なので，内部に発生している電界は空乏層のみを考えればよい．p 型
半導体と n 型半導体の空乏層では，次式のポアソン方程式が成り立つ．

$$\frac{d^2\Psi}{dx^2} = -\frac{d\mathcal{E}}{dx} = \frac{qN_A}{\varepsilon_s} \quad (-x_p \le x \le 0) \tag{4.16}$$

$$\frac{d^2\Psi}{dx^2} = -\frac{d\mathcal{E}}{dx} = -\frac{qN_D}{\varepsilon_s} \quad (0 \le x \le x_n) \tag{4.17}$$

　まず，電界を求めよう．電界は上 2 式から電荷密度を 1 回積分することで容易に求
められる．このとき境界条件が必要となるが，電気的中性領域において電界がゼロで
あることを利用すればよい．すなわち，境界条件として，$x = -x_p$ および $x = x_n$ に
おいて $\mathcal{E} = 0$ とすれば，空乏層内の電界として次式を得る．

$$\mathcal{E} = -\frac{qN_A(x + x_p)}{\varepsilon_s} \quad (-x_p \le x \le 0) \tag{4.18}$$

$$\mathcal{E} = \frac{qN_D(x - x_n)}{\varepsilon_s} \quad (0 \le x \le x_n) \tag{4.19}$$

この電界を図示したものが図 (c) である．$x = 0$ において電界強度は最大となり，次
式で与えられる．

4.1 階段接合の空乏層，内蔵電位の形成 | 49

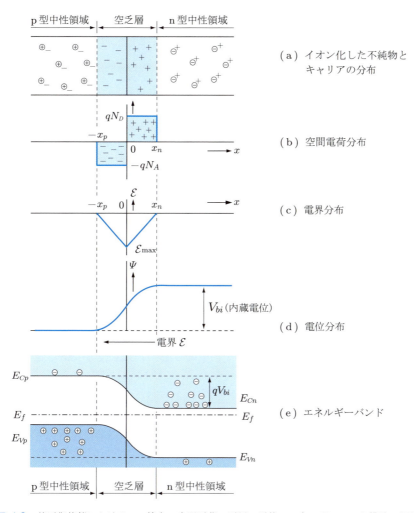

図 4.3 熱平衡状態における pn 接合の空間電荷，電界，電位，エネルギーバンド構造の関係

$$\mathcal{E}_{\max} = -\frac{qN_A x_p}{\varepsilon_s} = -\frac{qN_D x_n}{\varepsilon_s} \tag{4.20}$$

上式から

$$N_A x_p = N_D x_n \tag{4.21}$$

が成り立つことがわかる．この式はこのあとしばしば用いられる重要な関係である．
　つぎに，電位分布（静電ポテンシャル Ψ）を求めよう．式 (4.18) と式 (4.19) の電界を 1 回積分すれば容易に電位分布が得られる．境界条件は，まず電位の連続性のた

め $x = 0$ において電位の値が一致していることである．電位の基準は自分でつくればよいので，この場合，$x = 0$ において $\Psi = 0$ とする．すると，電位分布として次式を得る．

$$\Psi = \frac{qN_A}{\varepsilon_s} \left(\frac{x^2}{2} + x_p x \right) \quad (-x_p \leq x \leq 0) \tag{4.22}$$

$$\Psi = \frac{qN_D}{\varepsilon_s} \left(-\frac{x^2}{2} + x_n x \right) \quad (0 \leq x \leq x_n) \tag{4.23}$$

この電位分布を図示したものが図 (d) である．電気的中性領域の電位は一定値となる．内蔵電位 V_{bi} は $x = x_n$ および $x = -x_p$ の電位の差であるから，つぎのように容易に求めることができる．

$$V_{bi} = \Psi(x_n) - \Psi(-x_p) = \frac{q}{2\varepsilon_s} \left(N_A x_p^2 + N_D x_n^2 \right) \tag{4.24}$$

つぎに，空乏層幅 W を求めたい．式 (4.21) に示した $N_A x_p = N_D x_n$ の関係を利用して内蔵電位の式を変形すると，

$$V_{bi} = \frac{q}{2\varepsilon_s} \left(\frac{N_D^2}{N_A} + N_D \right) x_n^2 \tag{4.25}$$

となり，n 型半導体の空乏層と電気的中性領域の境目の位置 x_n が次式で定まる．

$$x_n = \sqrt{\frac{2\varepsilon_s}{q} \frac{N_A V_{bi}}{(N_A + N_D)N_D}} \tag{4.26}$$

同様に，p 型半導体の空乏層と電気的中性領域の境目の位置 x_p は次式で定まる．

$$x_p = \sqrt{\frac{2\varepsilon_s}{q} \frac{N_D V_{bi}}{(N_A + N_D)N_A}} \tag{4.27}$$

よって，全空乏層幅 W は式 (4.21) を用いて次式で定まる．

$$W = x_n + x_p = \left(1 + \frac{N_D}{N_A} \right) x_n = \sqrt{\frac{2\varepsilon_s (N_A + N_D)}{q N_A N_D} V_{bi}} \tag{4.28}$$

式 (4.4) に示す電位分布と真性フェルミ準位の関係と，図 (d) に示した電位分布の形から，エネルギーバンド構造は図 (e) に示す形となる．p 型半導体と n 型半導体の電気的中性領域のポテンシャルエネルギー差は，内蔵電位を用いて qV_{bi} と表される．

なお，上式中の内蔵電位 V_{bi} の値は式 (4.15) で求められているからこれを代入すればよいが，式が複雑になるので省略する．

4.1 階段接合の空乏層，内蔵電位の形成 | 51

■ 例題 4.1

シリコンの pn 接合において，不純物濃度がつぎの 2 通りであるとき，V_{bi}, x_n, x_p, W, $\mathcal{E}_{\max}$ をそれぞれ求めなさい．

(1) $N_A = N_D = 10^{16}\,\mathrm{cm}^{-3}$

(2) $N_A = N_D = 10^{17}\,\mathrm{cm}^{-3}$

ただし，$T = 300\,\mathrm{K}$ であり，シリコンの比誘電率を 11.8，真性キャリア密度を $1.45 \times 10^{10}\,\mathrm{cm}^{-3}$ とする．

■ 解答

(1) $N_A = N_D = 10^{16}\,\mathrm{cm}^{-3}$ の場合

内蔵電位は式 (4.15) より

$$V_{bi} = \frac{kT}{q} \ln \frac{N_A N_D}{n_i^2} = \frac{1.381 \times 10^{-23} \times 300}{1.602 \times 10^{-19}} \ln \frac{10^{16} \times 10^{16}}{(1.45 \times 10^{10})^2} = 0.695\,[\mathrm{V}]$$

である．x_n と x_p は式 (4.26) と式 (4.27) よりそれぞれ

$$x_n = \sqrt{\frac{2\varepsilon_s}{q} \frac{N_A V_{bi}}{(N_A + N_D)N_D}} = \sqrt{\frac{2 \times 11.8 \times 8.854 \times 10^{-14} \times 10^{16} \times 0.695}{1.602 \times 10^{-19} \times (10^{16} + 10^{16}) \times 10^{16}}}$$

$$= 21.3 \times 10^{-6}\,[\mathrm{cm}] = 0.213\,[\mathrm{\mu m}]$$

$$x_p = 0.213\,[\mathrm{\mu m}] \quad (N_A = N_D \text{ より } x_p = x_n)$$

である．ただし，真空の誘電率を 8.854×10^{-14} F/cm として，長さの単位を cm に統一している．

空乏層幅 W は式 (4.28) より

$$W = \sqrt{\frac{2\varepsilon_s (N_A + N_D)}{q N_A N_D} V_{bi}}$$

$$= \sqrt{\frac{2 \times 11.8 \times 8.854 \times 10^{-14} \times (10^{16} + 10^{16})}{1.602 \times 10^{-19} \times 10^{16} \times 10^{16}} \times 0.695}$$

$$= 42.6 \times 10^{-6}\,[\mathrm{cm}] = 0.426\,[\mathrm{\mu m}]$$

と求められる．この値は先に求めた p 型および n 型空乏層幅の和 $(x_p + x_n)$ と一致している．最大電界強度 $\mathcal{E}_{\max}$ は式 (4.20) より

$$\mathcal{E}_{\max} = -\frac{q N_A x_p}{\varepsilon_s} = -\frac{1.602 \times 10^{-19} \times 10^{16} \times 21.3 \times 10^{-6}}{11.8 \times 8.854 \times 10^{-14}}$$

$$= -3.26 \times 10^4\,[\mathrm{V/cm}]$$

である．

52 | Chapter 4 pn 接合ダイオード

(2) $N_A = N_D = 10^{17}\,\mathrm{cm}^{-3}$ の場合

同様の計算を行うと，各物性値は以下のとおり．

$$V_{bi} = \frac{kT}{q} \ln \frac{N_A N_D}{n_i^2} = \frac{1.381 \times 10^{-23} \times 300}{1.602 \times 10^{-19}} \ln \frac{10^{17} \times 10^{17}}{(1.45 \times 10^{10})^2} = 0.815 \,[\mathrm{V}]$$

$$x_n = x_p = \sqrt{\frac{2\varepsilon_s}{q} \frac{N_A V_{bi}}{(N_A + N_D)N_D}} = \sqrt{\frac{2 \times 11.8 \times 8.854 \times 10^{-14} \times 10^{17} \times 0.815}{1.602 \times 10^{-19} \times (10^{17} + 10^{17}) \times 10^{17}}}$$

$$= 7.29 \times 10^{-6}\,[\mathrm{cm}] = 0.0729\,[\mu\mathrm{m}]$$

$$W = \sqrt{\frac{2\varepsilon_s(N_A + N_D)}{q N_A N_D} V_{bi}}$$

$$= \sqrt{\frac{2 \times 11.8 \times 8.854 \times 10^{-14} \times (10^{17} + \times 10^{17})}{1.602 \times 10^{-19} \times 10^{17} \times 10^{17}} \times 0.815}$$

$$= 14.58 \times 10^{-6}\,[\mathrm{cm}] = 0.146\,[\mu\mathrm{m}]$$

$$\mathcal{E}_{\max} = -\frac{q N_A x_p}{\varepsilon_s} = -\frac{1.602 \times 10^{-19} \times 10^{17} \times 7.29 \times 10^{-6}}{11.8 \times 8.854 \times 10^{-14}}$$

$$= -1.12 \times 10^5\,[\mathrm{V/cm}]$$

(1) と (2) を比較すると，不純物濃度が高いほうが内蔵電位が大きくなっていることがわかる．これは，n 型および p 型のフェルミ準位の位置が不純物濃度が高いほど伝導帯の底および価電子帯の頂上に近づいていき（式 (2.16) と式 (2.17)），そのため n 型と p 型のフェルミ準位の差が大きくなるためである．また，空乏層幅は不純物濃度が低いほど広くなることがわかる．これは，pn 接合面付近の少数キャリアが，不純部濃度が低いほどより遠くまで拡散できるためである．すなわち，不純物濃度が低ければ再結合が生じる可能性が低くなる．逆に，不純物濃度が高ければ，拡散した少数キャリアのほとんどが pn 接合面近傍で再結合により消滅してしまう．最大電界強度は不純物濃度が高いほど高くなる．これは不純物濃度が高ければ空間電荷密度が高くなり，空乏層が狭くなるためである．

4.2 片側階段接合

階段接合では p 型半導体と n 型半導体の不純物濃度がほぼ同じ値であり，その境界が急峻であると仮定した．しかし，実際のデバイス応用では二つの不純物濃度に大きな差をつける場合がある．また，その境界が必ずしも急峻とは限らない．

二つの不純物濃度の大きな差がある場合を片側階段接合とよぶ．ここでは，$N_A \gg N_D$ の場合を考えてみよう．

式 (4.21) の $N_A x_p = N_D x_n$ の関係から，空乏層の分布に大きな変化が生じることがわかる．$N_A \gg N_D$ より $x_p \ll x_n$ となるから，p 型半導体の空乏層はほとんど消失し

て，全体の空乏層はほとんど n 型半導体内に広がることとなる．すなわち，空乏層幅 $W \approx x_n$ であり，不純物濃度の低いほうに一方的に空乏層が広がっている．このとき，式 (4.28) に $N_A \gg N_D$ の関係を用いると，空乏層幅 W は次式で定まる．

$$W = \sqrt{\frac{2\varepsilon_s V_{bi}}{qN_D}} \tag{4.29}$$

片側階段接合の空間電荷分布，電界分布，電位分布，エネルギーバンド構造を図 4.4 に示す．p 型半導体は電気的中性なので電界と電位分布は一定となるが，n 型半導体中の電界および電位分布は式 (4.19) と式 (4.23) に等しい．内蔵電位 V_{bi} は $\Psi(0) = 0$ を基準とすれば，式 (4.23) で $x_n = W$ として

$$V_{bi} = \Psi(W) = \frac{qN_D}{2\varepsilon_s}W^2 \tag{4.30}$$

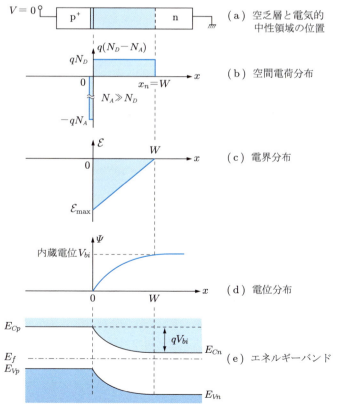

図 4.4 熱平衡状態における片側階段接合（p$^+$n 接合）の空間電荷，電界，電位分布，エネルギーバンド構造の関係

54 | Chapter 4　pn 接合ダイオード

と求められる.

不純物濃度が高いことを, 図 (a) にある p^+ のように添字「+」を使って表現する. すなわち, p^+n 接合とよぶ.

■ **例題 4.2**

$N_A = 10^{16}\,\mathrm{cm}^{-3}$ および $N_D = 10^{14}\,\mathrm{cm}^{-3}$ であるシリコンの片側階段 pn 接合において, V_{bi}, x_n, x_p, W, $\mathcal{E}_{\max}$ をそれぞれ求めなさい.

■ **解答**

$$V_{bi} = \frac{kT}{q} \ln \frac{N_A N_D}{n_i^2} = \frac{1.381 \times 10^{-23} \times 300}{1.602 \times 10^{-19}} \ln \frac{10^{16} \times 10^{14}}{(1.45 \times 10^{10})^2} = 0.58\ [\mathrm{V}]$$

条件より, $N_A \gg N_D$ であるから

$$x_n = \sqrt{\frac{2\varepsilon_s}{q} \frac{V_{bi}}{N_D}} = \sqrt{\frac{2 \times 11.8 \times 8.854 \times 10^{-14} \times 0.58}{1.602 \times 10^{-19} \times 10^{14}}}$$

$$= 2.750 \times 10^{-4}\ [\mathrm{cm}] = 2.750\ [\mathrm{\mu m}]$$

$$x_p = \sqrt{\frac{2\varepsilon_s}{q} \frac{N_D V_{bi}}{N_A^2}} = \sqrt{\frac{2 \times 11.8 \times 8.854 \times 10^{-14} \times 10^{14} \times 0.58}{1.602 \times 10^{-19} \times (10^{16})^2}}$$

$$= 2.750 \times 10^{-6}\ [\mathrm{cm}] = 0.02750\ [\mathrm{\mu m}]$$

である. この結果は式 (4.21) に示した $N_A x_p = N_D x_n$ の関係を満たしている.

空乏層幅は $W \approx x_n$ と考えてよい. 最大電界強度は

$$\mathcal{E}_{\max} = -\frac{q N_A x_p}{\varepsilon_s} = -\frac{1.602 \times 10^{-19} \times 10^{16} \times 2.75 \times 10^{-6}}{11.8 \times 8.854 \times 10^{-14}}$$

$$= -4.22 \times 10^3\ [\mathrm{V/cm}]$$

である.

4.3　空乏層容量

空乏層はイオン化したドナーとアクセプタが空間電荷として存在しているが, キャリアがないため抵抗値は大きい. 一方, 空乏層の両側にある電気的中性領域は, 電子と正孔があるので抵抗値は小さい. すなわちこれは, 誘電体を 2 枚の電極で挟んだ平行平板コンデンサと等価である. この空乏層に生じるコンデンサと等価な成分を空乏層容量とよぶ. 結論からいうと, その大きさは単位面積あたり, 半導体の誘電率を空乏層の厚さで割ったものになるのだが, これを計算で求めてみよう.

p 型半導体の空乏層にあるアクセプタイオンによる空間電荷の総量は,

$$Q_p = -qx_p N_A \qquad (4.31)$$

で定まる. 同様に, n 型半導体の空乏層にあるドナーイオンによる空間電荷の総量は,

$$Q_n = qx_n N_D \qquad (4.32)$$

である. 再結合によって消滅する電子と正孔の数は等しいので,

$$Q_n = -Q_p = \sqrt{\frac{2q\varepsilon_s N_A N_D V_{bi}}{N_A + N_D}} \quad (= Q) \qquad (4.33)$$

が成り立つ.

pn 接合にバイアス電圧 V（正値のとき p 型半導体にプラスとなる）を印加したとき, そのバイアス電圧はほとんどすべて空乏層に印加される. なぜなら, 空乏層にはキャリアが存在しないのでその抵抗値は電気的中性領域より大きい. そのため, pn 接合を抵抗三つの直列回路と見なせば, 電気回路論の電圧の分配則より, 抵抗値のもっとも大きい空乏層に電圧 V のほぼすべてが印加されることになる. したがって, V_{bi} を $V_{bi} - V$ に置き換えることで, 電荷 Q と空乏層幅 W が次式のように得られる.

$$Q = \sqrt{\frac{2q\varepsilon_s N_A N_D (V_{bi} - V)}{N_A + N_D}} \qquad (4.34)$$

$$W = \sqrt{\frac{2\varepsilon_s (N_A + N_D)(V_{bi} - V)}{q N_A N_D}} \qquad (4.35)$$

式 (4.34),(4.35) からたいへん重要な情報が得られる. $V > 0$ のとき, すなわち p 型半導体がプラスとなる順方向バイアスのとき, Q および W の値はともに小さくなり, 逆に $V < 0$ のとき, すなわち n 型半導体がプラスとなる逆方向バイアスのとき, Q および W の値はともに大きくなる. これは空乏層幅を外部からの印加電圧で制御できることを意味しており, あとで述べる接合型電界効果トランジスタなどの動作原理に積極的に応用されているので, よく理解しておく必要がある.

よって, 微小電圧 $d(V_{bi} - V)$ に対する単位面積あたりの空乏層容量 C_j は次式で与えられる.

$$C_j = \frac{dQ}{d(V_{bi} - V)} = \sqrt{\frac{q\varepsilon_s}{2(V_{bi} - V)} \frac{N_A N_D}{N_A + N_D}} = \frac{\varepsilon_s}{W} \qquad (4.36)$$

すなわち, 空乏層容量はその誘電率と厚さのみで定まり, これは平行平板コンデンサと同じである. 図 4.5 に微小電圧 dV による空乏層幅, 空間電荷, および電界の変化

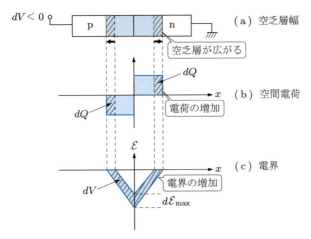

図 4.5 微小信号電圧 dV に対する空乏層部分の変化

の様子を示す．逆方向バイアスが dV だけ増加することにより，空乏層幅と空間電荷の総量が増加する．それと同時に増加した電界の成分（図 (c) の斜線部分）が，微小信号電圧 dV に相当する．また，最大電界の変化量 $d\mathcal{E}_{\max}$ と空間電荷の変化量 dQ との間には，$d\mathcal{E}_{\max} = dQ/\varepsilon_s$ の関係が成り立つ．

■ 例題 4.3

例題 4.1(1) のシリコンの pn 接合において，逆方向バイアス電圧 $0.5\,\mathrm{V}$ を印加したときの，x_n, x_p, W, $\mathcal{E}_{\max}$, C_j を求めなさい．

■ 解答

V_{bi} の代わりに $V_{bi} - V = 0.695 + 0.5 = 1.195\,\mathrm{V}$ を代入すればよいので，各物理量はつぎのように求められる．

$$x_n = \sqrt{\frac{2\varepsilon_s}{q}\frac{N_A(V_{bi}-V)}{(N_A+N_D)N_D}} = \sqrt{\frac{2 \times 11.8 \times 8.854 \times 10^{-14} \times 10^{16} \times 1.195}{1.602 \times 10^{-19} \times (10^{16}+10^{16}) \times 10^{16}}}$$

$$= 2.79 \times 10^{-5}\,[\mathrm{cm}] = 0.279\,[\mathrm{\mu m}]$$

$$x_p = x_n = 0.279\,[\mathrm{\mu m}] \quad (N_A = N_D \text{より } x_p = x_n)$$

$$W = \sqrt{\frac{2\varepsilon_s(N_A+N_D)}{qN_AN_D}(V_{bi}-V)}$$

$$= \sqrt{\frac{2 \times 11.8 \times 8.854 \times 10^{-14} \times (10^{16}+10^{16})}{1.602 \times 10^{-19} \times 10^{16} \times 10^{16}} \times 1.195}$$

$$= 5.58 \times 10^{-5}\,[\mathrm{cm}] = 0.558\,[\mathrm{\mu m}]$$

$$\mathcal{E}_{\max} = -\frac{qN_A x_p}{\varepsilon_s} = -\frac{1.602 \times 10^{-19} \times 10^{16} \times 2.79 \times 10^{-5}}{11.8 \times 8.854 \times 10^{-14}}$$

$$= -4.28 \times 10^5 \ [\mathrm{V/cm}]$$

逆方向バイアスのため，空乏層幅と最大電界強度はともに増加していることがわかる．また，空乏層容量 C_j は式 (4.36) より

$$C_j = \frac{\varepsilon_s}{W} = \frac{11.8 \times 8.854 \times 10^{-14}}{5.58 \times 10^{-5}} = 1.87 \times 10^{-8} \ [\mathrm{F/cm^2}]$$

である．ちなみに，熱平衡状態（バイアス電圧 0）では $C_j = 2.45 \times 10^{-8} \ \mathrm{F/cm^2}$ であるから，逆方向バイアスによる空乏層厚みの増加により，空乏層容量は低下していることがわかる．

4.4 理想電流 – 電圧特性

抵抗値 R をもつ抵抗に電圧 V を印加したとき抵抗に流れる電流は $I = V/R$ であり，V が正でも負でも抵抗値が変化しないため同じ大きさの電流が流れる．しかし，pn 接合ダイオードでは p 型に正電圧を印加したときはわずかな電圧で大きな電流が流れ，一方，n 型に正電圧を印加したときはほとんど電流が流れない．このように，印加電圧の極性によって流れる電流の大きさが異なる電流 – 電圧特性を整流性とよぶ．素子の抵抗値が小さくなるためわずかな電圧で大きな電流が流れる印加電圧の極性を順方向バイアス（あるいは順バイアス）とよび，一方，素子の抵抗値が大きくなるため，わずかな電流しか流れない印加電圧の極性を逆方向バイアス（あるいは逆バイアス）とよぶ．

pn 接合ダイオードの整流性を示す特徴ある電流 – 電圧特性の原因は何であろうか．接合面付近のキャリアの拡散を止めるものが空間電荷によって生じる電界であり，内蔵電位であることを思い出してほしい．すなわち，キャリアの拡散と電界によるドリフトとのバランスが成り立つときにキャリアの移動が止まり，新しい熱平衡状態となっているのである．したがって，外部からの印加電圧がこの内蔵電位を下げる方向であるとき，ドリフトの影響力が小さくなり，キャリアの拡散が起こることがわかる．これが p 型半導体にプラスとなる順方向バイアスを印加したときの急激な電流の増加である．一方，外部の印加電圧が内蔵電位を増やす方向であれば，キャリアの拡散は起こりようがなく，電流が流れない．これが n 型半導体にプラスとなる逆方向バイアスのときである．したがって，pn 接合ダイオードの電流は，ドリフト電流ではなく拡散電流が支配的となっている．

図 4.6 にバイアス電圧による pn 接合の内蔵電位と空乏層の幅の変化の様子を示す．p 型にプラスの順方向バイアス V_F を印加することにより，p 型および n 型中性領域の電位差が $V_{bi} - V_F$ と低下している．また，逆方向バイアス V_R では電位差が大きくなっている．そして，4.3 節で説明したように，式 (4.35) より空乏層の幅もバイアス電圧により変化する．順方向バイアスでは空乏層の幅が狭くなり，逆方向バイアスでは広くなっている．

電流–電圧特性を計算するためには，順方向バイアスによって n 型半導体から p 型半導体へ注入される電子が p 型半導体内部を再結合により減少しながら拡散する様子を記述して，電子の拡散電流を求めなければならない．同様に，p 型半導体から n 型半導体へ注入される正孔によって n 型半導体内部で生じる正孔の拡散電流を求める．すなわち，注入された少数キャリアによる二つの拡散電流の合計により電流–電圧特性が定まる．

計算を簡略化するために，つぎの条件を盛り込んで計算モデルを確立する．

1. 空乏層と電気的中性領域の境界は急峻である．
2. 外部のバイアス電圧はすべて空乏層に印加される．
3. 低注入である．すなわち，電気的中性領域に注入された少数キャリアの数は多数キャリアに比べてずっと少量である．そのため，電気的中性を損なわない．

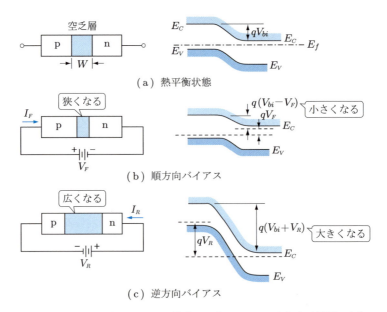

図 4.6　バイアス電圧による pn 接合のエネルギーバンドと空乏層幅の変化

4. 空乏層においてキャリアの生成・再結合はなく，電子および正孔電流は一定である．

このうち条件 2 は前述のように空乏層の大きな抵抗値に起因するものである．このように計算しやすいモデルにより求められたものが理想電流 – 電圧特性である．したがって，測定で得られた pn 接合ダイオードのデータと理想電流 – 電圧特性のグラフとの不一致があれば，計算モデルには考慮されていない現象があることを意味するので，そこが議論のポイントとなる．

4.4.1 ■ 電子/正孔密度のバイアス電圧依存性

図 4.7 に示す熱平衡状態における pn 接合のエネルギーバンド図を，理想電流 – 電圧特性の計算モデルとする．p 型および n 型半導体の電気的中性領域には内蔵電位による電位差があり，そのためポテンシャルエネルギーにも qV_{bi} の差が生じる．伝導帯の底 E_C の値が p 型および n 型半導体で異なるので，両者を区別するために p 型半導体の伝導帯の底を E_{Cp}，n 型半導体を E_{Cn} と表記する．両者には $E_{Cp} = E_{Cn} + qV_{bi}$ の関係が成り立つ．同様に，p 型および n 型半導体の価電子帯の頂上を E_{Vp} および E_{Vn} と表記し，両者には $E_{Vp} = E_{Vn} + qV_{bi}$ の関係が成り立つ．

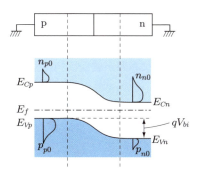

図 4.7 理想電流 – 電圧特性の計算モデル．熱平衡状態における pn 接合のエネルギーバンド図とキャリア密度

熱平衡状態における p 型および n 型半導体の電子密度を n_{p0}, n_{n0} と表記し，p 型および n 型半導体の正孔密度を p_{p0}, p_{n0} と表記する．

まず，熱平衡状態の電子密度を求めてみよう．n 型半導体の電子密度は

$$n_{n0} = \int_{E_{Cn}}^{\infty} g_n(E) f_n(E) dE = N_C \exp\left(-\frac{E_{Cn} - E_f}{kT}\right) \tag{4.37}$$

である．一方，p 型半導体の電子密度は

60 | Chapter 4　pn 接合ダイオード

$$
\begin{aligned}
n_{p0} &= \int_{E_{Cp}}^{\infty} g_n(E) f_n(E) dE = \int_{E_{Cn}+qV_{bi}}^{\infty} g_n(E) f_n(E) dE \\
&= N_C \exp\left(-\frac{E_{Cn} + qV_{bi} - E_f}{kT}\right) \\
&= n_{n0} \exp\left(-\frac{qV_{bi}}{kT}\right)
\end{aligned}
\tag{4.38}
$$

となる．式 (4.38) の 2 行目から 3 行目への変換は，式 (4.37) を用いれば可能である．

式 (4.38) は p 型および n 型半導体の電子密度が，一方がわかれば他方は内蔵電位のみで定まる関係であることを意味している．

ここで，バイアス電圧 V が印加されたとする．外部から印加された電圧は空乏層のみに印加されるので，式 (4.38) において V_{bi} を $V_{bi} - V$ と置き換えて，

$$
n_p = n_n \exp\left\{-\frac{q(V_{bi} - V)}{kT}\right\}
\tag{4.39}
$$

を得る．上式において n_p および n_n は空乏層の両端 $x = -x_p$ および $x = x_n$ における非熱平衡状態の電子密度である．条件 3（低注入）より $n_n = n_{n0}$ が成り立つので，式 (4.38) を用いて式 (4.39) は

$$
n_p = n_{n0} \exp\left\{-\frac{q(V_{bi} - V)}{kT}\right\} = n_{p0} \exp\left(\frac{qV}{kT}\right)
\tag{4.40}
$$

となる．式 (4.40) は以下の重要なことを意味している．

「バイアス電圧 V により熱平衡状態が破れて，n 型半導体から p 型半導体へ電子が注入される．空乏層を通ってその左端 $x = -x_p$ での電子密度 n_p は，バイアス電圧 V のみに依存する．順方向バイアス $(V > 0)$ であれば式 (4.40) より $n_p > n_{p0}$ が成り立つから，これは注入により電子密度が熱平衡状態のときより増加することを意味する．」

正孔密度について同様の計算を行うと，$x = x_n$ における正孔密度として次式が得られる．これは式 (4.40) と同じ形である．

$$
p_n = p_{n0} \exp\left(\frac{qV}{kT}\right)
\tag{4.41}
$$

4.4.2 ■ 理想電流 – 電圧特性の式

順方向バイアスによって注入された少数キャリアの分布を図 4.8(a) に示す．条件 2 より，p 型および n 型半導体の中性領域には電界はないので，注入された少数キャリアの移動は拡散のみであり，ドリフトは生じていない．まず，n 型半導体の中性領域

に注入された正孔によって生じる拡散電流を検討しよう．図より空乏層の右端 $x = x_n$ に到達した正孔密度は $p_n(> p_{n0})$ であり，n 型半導体の電気的中性領域の右方向へ拡散し，再結合により徐々に減少し，やがて熱平衡状態の値 p_{n0} に落ち着くことになる．この正孔密度の分布は，式 (3.15) より次式で与えられる．

$$p(x) = (p_n - p_{n0}) \exp\left(-\frac{x - x_n}{L_p}\right) + p_{n0} \quad (x \geq x_n) \tag{4.42}$$

上式を正孔拡散電流の式 (3.16) に代入して，正孔拡散電流の分布が得られる．

$$J_p(x) = \frac{qD_p}{L_p}(p_n - p_{n0}) \exp\left(-\frac{x - x_n}{L_p}\right) \quad (x \geq x_n) \tag{4.43}$$

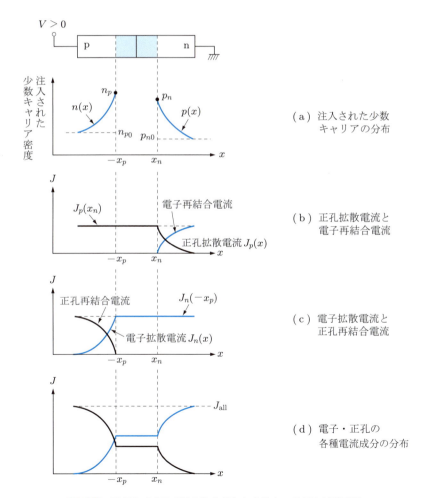

図 4.8　順方向バイアス時の注入された少数キャリアと拡散電流

62 | Chapter 4 pn 接合ダイオード

この式から明らかなように，正孔拡散電流 $J_p(x)$ は空乏層端 $x = x_n$ で最大値 $J_p(x_n)$ となり，右方向への拡散とともに電子との再結合により減少してやがてゼロになる．さらに，条件 4 より空乏層内のキャリアの再結合がないので，$J_p(x_n)$ と等しい正孔拡散電流が p 型中性領域から空乏層を通って $x = x_n$ まで流れていると考えることができる．この正孔拡散電流の様子を図 (b) に黒線で示す．一方，正孔との再結合で消滅した n 型中性領域の電子を補充するために，n 型電極から電子が流入してくる．この電流を電子再結合電流とよび，図 (b) に青線で示す．電子再結合電流は消滅したキャリアの補充であるから，正孔拡散電流との和は n 型中性領域のすべてにわたって $J_p(x_n)$ で一定となっている．すなわち，正孔拡散電流と電子再結合電流の和は，pn 接合の全領域にわたり $J_p(x_n)$ で一定である．

つぎに，p 型半導体の電気的中性領域に注入されて拡散している電子拡散電流の影響を考えよう．電子密度の分布は

$$n(x) = (n_p - n_{p0}) \exp\left(\frac{x + x_p}{L_n}\right) + n_{p0} \quad (x \leq -x_p) \tag{4.44}$$

と得られ，これを電子拡散電流の式 (3.19) に代入して電子拡散電流の分布が次式で得られる．

$$J_n(x) = \frac{qD_n}{L_n}(n_p - n_{p0}) \exp\left(\frac{x + x_p}{L_n}\right) \quad (x \leq -x_p) \tag{4.45}$$

この式から明らかなように，電子拡散電流は $J_n(x)$ は空乏層端 $x = -x_p$ で最大値 $J_n(-x_p)$ となり，左方向へ拡散するとともに，正孔との再結合により減少してやがてゼロになる．正孔拡散電流と同様に，$J_n(-x_p)$ と同じ値の電子拡散電流が n 型中性領域から空乏層を通って $x = -x_p$ まで流れていると考えることができる．この電子拡散電流の様子を図 (c) に青線で示す．一方，電子との再結合で消滅した p 型中性領域の正孔を補充するために，p 型電極から正孔が流入する．この電流を正孔再結合電流とよび，図 (c) に黒線で示す．電子拡散電流と正孔再結合電流の和も p 型中性領域のすべてにわたって $J_n(-x_p)$ で一定となっている．すなわち，電子拡散電流と正孔再結合電流の和は pn 接合の全領域にわたり $J_n(-x_p)$ で一定である．

電子拡散電流と電子再結合電流の和を青線で，正孔拡散電流と正孔再結合電流の和を黒線でプロットしたものが図 (d) である．この両者の和 J_{all} が求める理想電流 − 電圧特性の式である．図 (b) および図 (c) に示した結果から，電子拡散電流（黒線）と正孔拡散電流（青線）の和 J_{all} は pn 接合の全領域にわたり一定となり，その値は $J_p(x_n) + J_n(-x_p)$ となるのは明らかである．

$$J_{\text{all}} = J_p(x_n) + J_n(-x_p)$$
$$= \frac{qD_p}{L_p}(p_n - p_{n0}) + \frac{qD_n}{L_n}(n_p - n_{p0})$$
$$= \frac{qD_p}{L_p}p_n\left\{\exp\left(\frac{qV}{kT}\right) - 1\right\} + \frac{qD_n}{L_n}n_p\left\{\exp\left(\frac{qV}{kT}\right) - 1\right\}$$
$$= J_s\left\{\exp\left(\frac{qV}{kT}\right) - 1\right\} \tag{4.46}$$

ここに，J_s は逆飽和電流とよばれる値である．

$$J_s \equiv \frac{qD_p}{L_p}p_n + \frac{qD_n}{L_n}n_p \tag{4.47}$$

式 (4.46) の計算例を図 4.9 に示す．順方向バイアスで急激に電流が増加し，逆方向バイアスのとき，$-J_s$ の逆飽和電流が流れている．この図は p.58, 59 に示した四つの条件を導入した pn 接合の理想的な電流 – 電圧特性である．

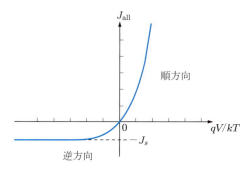

図 4.9　理想電流 – 電圧特性の計算例

4.4.3 ■ 実際の電流 – 電圧特性

式 (4.46) に示した pn 接合ダイオードの電流 – 電圧特性を得るために，四つの条件を与えて理想的なモデルを用いた．しかし実際には，空乏層でのキャリアの生成・再結合が無視できないため，測定値と式 (4.46) は定性的にしか一致しない．順方向バイアス時の電流 – 電圧特性の測定値は，経験的に

$$J \propto \exp\left(\frac{qV}{\eta kT}\right) \tag{4.48}$$

で表すことができる．ここに η は理想係数とよばれ，理想的な拡散電流が主成分のときは $\eta = 1$ となり式 (4.46) に一致する．しかし，拡散電流以外のものが主成分となったとき，η の値が変化する．

図 4.10 に pn 接合ダイオードの順方向電流の測定値の例を示す．低電圧では $\eta = 2$

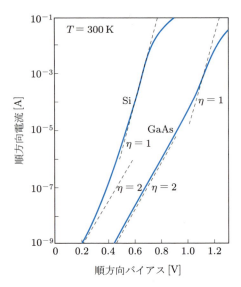

図 4.10 pn 接合ダイオードの電流 – 電圧特性の測定例

となり，電圧の増加に対して電流の増加が少ない．この原因は，再結合中心を介して空乏層内において電子と正孔の再結合が生じ，その再結合電流が支配的になるためである．

一方，高電圧においても $\eta = 1$ からずれ始め，電圧に対して電流の増加はゆるやかになる．この原因として二つ挙げられる．一つは素子の直列抵抗の影響である．注入電流が増えると直列抵抗での電圧降下が大きくなり，空乏層の電界を低下させる．このため，電流の増加がゆるやかになるのである．もう一つの原因は高注入効果である．高注入とは，注入された少数キャリア密度が多数キャリア密度とほぼ等しくなる状態である．このため，x_n において $p_n \approx n_n$ となる．この少数注入キャリア密度を求めてみると

$$p_n(x = x_n) \approx \sqrt{p_n n_n} = \sqrt{p_{n0} n_{n0} \exp\left(\frac{qV}{kT}\right)} = n_i \exp\left(\frac{qV}{2kT}\right) \tag{4.49}$$

となる．したがって，拡散電流は $\exp(qV/2kT)$ にほぼ比例することになる．つまり $\eta = 2$ となる．

4.5 キャリアの蓄積と過渡応答

　順方向バイアスによって p 型および n 型領域それぞれに少数キャリアが注入され，拡散電流となることがわかった．この少数キャリアの注入には，当然のことながらある有限の時間が必要である．すなわち，素子の動作時間に影響することになる．また，キャリアの蓄積であるから，コンデンサの動作と等価と見なせることも理解できるであろう．ここでは，蓄積されたキャリアによる電荷を求めて，コンデンサと等価な成分を計算してみよう．

　n 型中性領域の単位面積あたりに注入された少数キャリアの電荷は，少数キャリアの総量 p から熱平衡状態の値 p_{n0} を引いたものであるから，式 (4.42) より，

$$
\begin{aligned}
Q_p &= q \int_{x_n}^{\infty} (p - p_{n0}) dx \\
&= q \int_{x_n}^{\infty} p_{n0} \left\{ \exp\left(\frac{qV}{kT}\right) - 1 \right\} \exp\left(-\frac{x - x_n}{L_p}\right) dx \\
&= q L_p p_{n0} \left\{ \exp\left(\frac{qV}{kT}\right) - 1 \right\}
\end{aligned}
\tag{4.50}
$$

となり，L_p と p_{n0} に依存することがわかる．また，式 (4.43) より $J_p(x_n)$ の値を用いて

$$
Q_p = \frac{L_p^2}{D_p} J_p(x_n) = \tau_p J_p(x_n)
\tag{4.51}
$$

が成り立つ．この式は，（蓄積電荷）＝（少数キャリア寿命）×（電流）であるから，注入された正孔の寿命が長いほど，再結合する前に内部まで拡散して多数の正孔が蓄積できることを意味している．

　中性領域における蓄積電荷によって生じるコンデンサに等価な成分を拡散容量とよぶ．拡散容量はキャリアが注入されて蓄積する順方向バイアス時に生じるものであり，逆方向バイアス時には生じない．拡散容量の値を求めてみよう．素子の断面積を A とすると，拡散容量 C_d は

$$
C_d = A \frac{dQ_p}{dV} = \frac{A q^2 L_p p_{n0}}{kT} \exp\left(\frac{qV}{kT}\right)
\tag{4.52}
$$

と定まる．これに p 型中性領域の拡散容量も考慮したものが全拡散容量となる．ダイオードの等価回路を図 4.11 に示す．ここに，G はダイオードのコンダクタンスであり，理想ダイオードでは

Chapter 4 pn 接合ダイオード

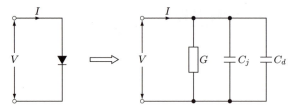

図 4.11　ダイオードの等価回路

$$G = A\frac{dJ}{dV} = \frac{qA}{kT}J_s \exp\left(\frac{qV}{kT}\right) = \frac{qA}{kT}(J + J_s) = \frac{qI}{kT} \tag{4.53}$$

となる．上式の最後の変換では，$A(J + J_s) = I$ とおいた．

演習問題

4.1　階段接合のシリコン pn 接合において，$N_D = N_A = 5.0 \times 10^{14}\,\mathrm{cm}^{-3}$ である．300 K および 77 K（液体窒素温度）の熱平衡状態における内蔵電位，x_n，x_p，空乏層幅，最大電界強度，および空乏層容量を求めなさい．ただし，比誘電率は 11.8，真性キャリア密度は $1.45 \times 10^{10}\,\mathrm{cm}^{-3}$ である．

4.2　演習問題 4.1 の pn 接合 (300 K) において，順方向バイアス 0.3 V を印加したとき，および逆方向バイアスを 0.3 V 印加したときの各値を求めなさい．

4.3　演習問題 4.1 の pn 接合 (300 K) において，$N_D = 5 \times 10^{12}\,\mathrm{cm}^{-3}$ である片側階段接合とした場合，各値を求めなさい．また，順方向バイアス 0.3 V を印加したとき，および逆方向バイアスを 0.3 V 印加したときの各値を求めなさい．

Chapter 5

金属と半導体の接合による整流特性

　電子回路の配線には金属（メタル）を用いる．すなわち，電子回路では半導体素子と金属が必ず接触している．このとき，どのような金属を用いても問題なく半導体素子に電流注入ができるわけではなく，ある条件のときに pn 接合ダイオードのように整流性を示すことが知られている．金属と半導体の接合（MS 接合）が整流性を示すことは古くから知られており，1904 年にダイオードが実用化されている．この章では，整流性を示す MS 接合の条件について考察する．

5.1 金属と n 型半導体の接合

　図 5.1 に接合する前の金属と n 型半導体のエネルギーバンド図を示す．両者の高さは真空準位を基準としている．真空準位とは，電子を原子核の束縛から自由にするために必要なエネルギーである．また，ここで重要となる二つのキーワードを説明する．一つは，仕事関数であり，金属や半導体のフェルミ準位 E_f にある電子を物質の外（真空準位）に取り出すために必要なエネルギーである．図では，金属の仕事関数を $q\phi_m$，半導体の仕事関数を $q\phi_s$ と表記している．もう一つは，電子親和力であり，半導体の伝導帯の底 E_C にある電子を物質の外に取り出すために必要なエネルギーであり，$q\chi$ と表記している．整流性の条件には，とくに仕事関数の値が重要となる．図 (a) では $\phi_m > \phi_s$ となっており，図 (b) ではその逆 $\phi_m < \phi_s$ になっていることに注意する．

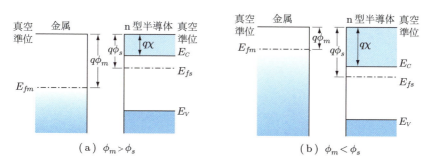

図 5.1　接合前の金属と n 型半導体のエネルギーバンド図

5.1.1 ■ $\phi_m > \phi_s$ の場合

図 5.1(a) より，接合前は n 型半導体のフェルミ準位 E_{fs} が金属のフェルミ準位 E_{fm} 上に位置している．フェルミ準位より低いエネルギーにおいて，電子の存在確率が 0.5 を超えることを思い出してほしい．すなわち，接合前は n 型半導体の電子のポテンシャルエネルギーのほうが，金属中にある電子のポテンシャルエネルギーよりも高い状態になっている．このとき，金属と n 型半導体を接合させると，高いポテンシャルエネルギーをもつ n 型半導体の電子が低いポテンシャルエネルギーの金属表面に移動する．そのため，接合面付近の n 型半導体には電子がなくなり空乏層が生じる．この空乏層のドナーイオンが電界を発生させ，内蔵電位が生じる．このときのエネルギーバンド図を図 5.2(a) に示す．熱平衡状態ではフェルミ準位 E_f は全領域で一定（$E_{fs} = E_{fm}$）となる．よって，E_f を基準に考えるとこのエネルギーバンド図は理解しやすくなる．内蔵電位 qV_{bi}（接合面に位置する曲がった E_C の最高点と平坦な E_C との差）は

$$qV_{bi} = q\{(\phi_m - \chi) - (\phi_s - \chi)\} = q(\phi_m - \phi_s) \tag{5.1}$$

となり，仕事関数の差で定まる．

この内蔵電位が n 型半導体中の電子にとって障壁となり，金属への拡散がやがて止

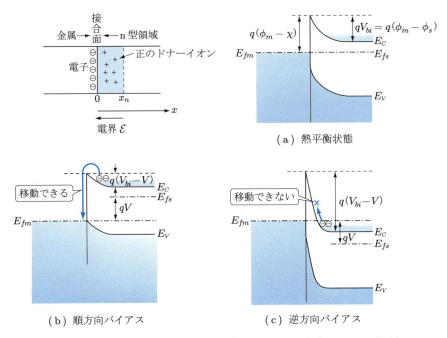

図 5.2 接合後の金属と n 型半導体のエネルギーバンド図（$\phi_m > \phi_s$ の場合）

まり，熱平衡状態に落ち着くことになる．空乏層と内蔵電位の発生により素子が整流性を示すことは，pn 接合の整流性を理解していれば容易に理解できるであろう．

外部から電圧が印加されたとき，抵抗値の大きい空乏層のみに電圧が印加される．印加電圧が金属にプラスのとき，内蔵電位による障壁を下げることになる（図 (b)）．そのため，n 型半導体中の電子は金属へ移動できるので電流が流れる．逆に，印加電圧が金属にマイナスであるとき，内蔵電位による障壁は高くなるため電子は金属へ流れることができない（図 (c)）．

n 型半導体中の電子にとって，金属への拡散を妨げる障壁の高さは伝導帯の底 E_C を基準とすると $qV_{bi} = q(\phi_m - \phi_s)$ となり，これは内蔵電位そのものである．ただし一般には，半導体の電子親和力を基準とした次式

$$qφ_B = qV_{bi} + q(\phi_s - \chi) = q(\phi_m - \chi) \tag{5.2}$$

で定義されるショットキー障壁を用いて表される．その名前は，この整流性のモデルを提唱した W. Schottky にちなんでいる．

ポアソン方程式を解いて内蔵電位と空乏層の幅，および空乏層容量を求めてみよう．n 型半導体の空乏層にはドナーイオンが空間電荷として存在しており，金属には流れ込んできた電子による負の表面電荷が生じている．したがって，電界の向きは陽イオンのドナーイオンから金属電極方向，つまり左向きである．電界を求めるときの境界条件として，空乏層と電気的中性領域の境界 $x = x_n$ において電界をゼロとすると，電界 $\mathcal{E}$ は次式で定まる．

$$\mathcal{E} = \frac{qN_D}{\varepsilon_s}(x - x_n) \tag{5.3}$$

つぎに，電位分布 Ψ は，境界条件として $x = 0$ で $\Psi = 0$ とすれば次式で定まる．

$$\Psi = -\frac{qN_D}{\varepsilon_s}\left(\frac{1}{2}x^2 - x_n x\right) \tag{5.4}$$

$x = x_n$ において $\Psi = V_{bi}$ であるから，空乏層の幅 W は

$$W = x_n = \sqrt{\frac{2\varepsilon_s V_{bi}}{qN_D}} \tag{5.5}$$

と求められる．

計算で得られた電界分布，電位分布を図 5.3(a), (b) に示す．電位分布が定まれば，エネルギーバンドも図 5.2(a) のように定まる．p^+n 接合の片側階段接合によく似ていることがわかる．

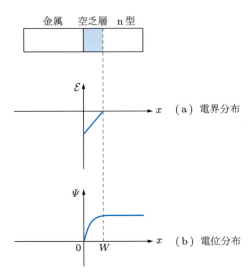

図 5.3　金属と n 型半導体の接合での空乏層の電界と電位分布

ドナーイオンによる半導体中の空間電荷 Q_n は

$$Q_n = qN_DW = \sqrt{2q\varepsilon_s N_D V_{bi}} \tag{5.6}$$

であるから，印加電圧 V のとき V_{bi} を $V_{bi} - V$ と置き換えて，単位面積あたりの空乏層容量 C_j は次式で定まる．

$$C_j = \frac{dQ_n}{d(V_{bi} - V)} = \sqrt{\frac{q\varepsilon_s N_D}{2(V_{bi} - V)}} = \frac{\varepsilon_s}{W} \tag{5.7}$$

これは，pn 接合の空乏層容量と同様に平行平板コンデンサと同じ式である．

5.1.2 ■ $\phi_m < \phi_s$ の場合

図 5.1(b) に示すように，金属のフェルミ準位 E_{fm} が n 型半導体のフェルミ準位 E_{fs} よりも上に位置している．先ほどの場合（$\phi_m > \phi_s$）と二つのフェルミ準位の位置関係が逆になっている．このため，金属中の電子のもつエネルギーのほうが n 型半導体中の電子のもつエネルギーより大きく，接合によって金属から n 型半導体へ電子が移動する．n 型半導体には流れ込んできた電子による負の表面電荷が発生し，一方，金属には正の表面電荷が発生する．しかし，n 型半導体は多数キャリアが電子であるため，電子が流れ込んでも空乏層が生じることはない．そのため，$\phi_m < \phi_s$ の金属 – n 型半導体接合は整流性を示さない．熱平衡状態のエネルギーバンド図を図 5.4 に示す．

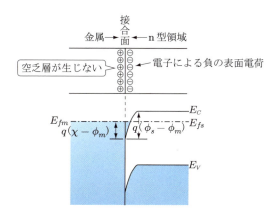

図 5.4　接合後の金属と n 型半導体のエネルギーバンド図（$\phi_m < \phi_s$ の場合）

5.2 金属と p 型半導体の接合

　金属と p 型半導体の接合においても，整流性を示す条件は両者の仕事関数の位置関係である．ただし，結論から言うと，金属と n 型半導体の接合の場合とは整流性を示す仕事関数の条件は逆になる．

5.2.1 ■ $\phi_m < \phi_s$ の場合

　接合する前のエネルギーバンド図を図 5.5 に示す．$\phi_m < \phi_s$ の場合を見てみると，接合前は金属のフェルミ準位 E_{fm} が p 型半導体のフェルミ準位 E_{fs} より上に位置している．このため，接合によって金属から p 型半導体へ電子が移動し，正孔と再結合する．同時に，p 型半導体から正孔が金属へ移動する．この結果，p 型半導体の接合面付近から正孔が消滅して負のアクセプタイオンが残り，空乏層が形成される．このアクセプタイオンの空間電荷によって内蔵電位が形成され，正孔の移動には障壁となり，整流性を示すことになる．熱平衡状態の金属 – p 型半導体のエネルギーバンド図を図 5.6(a) に示す．

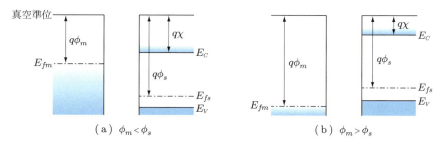

図 5.5　接合前の金属と p 型半導体のエネルギーバンド図

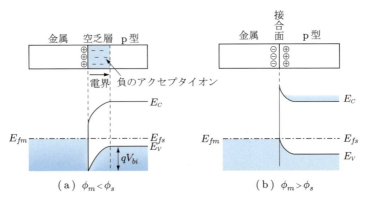

図 5.6　接合後の金属と p 型半導体のエネルギーバンド図

5.2.2 ■ $\phi_m > \phi_s$ の場合

図 5.5(b) より，接合前は p 型半導体のフェルミ準位 E_{fs} が金属のフェルミ準位 E_{fm} より上に位置している．このため，接合によって p 型半導体の電子が金属へ移動する．しかし，p 型半導体にとって電子は少数キャリアであるから，空乏層は生じない．したがって，この場合は整流性を示さない．エネルギーバンド図を図 5.6(b) に示す．電子の移動によって p 型半導体には正の表面電荷，金属には負の表面電荷が生じるが，キャリア移動の障壁にはならない．

整流性を示す条件は金属と半導体の仕事関数の大小関係であり，n 型半導体か p 型半導体で条件が逆になることがわかった．ここで，重要なキーワードを二つ紹介する．整流性を示す金属と半導体の接合を，ショットキー接合とよぶ．金属との接触面に生じる空乏層が大きな抵抗値のはたらきをしている．空乏層の電界によるエネルギーバンドの曲がりが導電性を阻害する障壁となっており，これをショットキー障壁 $q\phi_B$（式(5.2)）とよぶ．ショットキー接合は電界効果トランジスタのゲート電極などに応用されている．一方，整流性を示さない金属と半導体の接合を，オーミック接触とよぶ．これは半導体自身による直列抵抗に比べて無視できるほど小さな接触抵抗を有している接合であり，接合部の電圧降下がかなり小さい．良好なオーミック接触はデバイスの特性を劣化させない．

5.3　ショットキー接合の場合の電流−電圧特性

金属と n 型半導体のショットキー接合において，不純物濃度が高くなく空乏層が厚い場合の電流電圧特性は，pn 接合の理想電流−電圧特性を表す式 (4.46) と同じ形になる．

$$J_n = J_s \left\{ \exp\left(\frac{qV}{kT}\right) - 1 \right\} \tag{5.8}$$

ただし，逆飽和電流 J_s は異なり，印加電圧 V に依存する．

$$J_s = \sigma_n \left\{ \frac{2qN_D(V_{bi} - V)}{\varepsilon_s} \right\}^{1/2} \exp\left(-\frac{qV_{bi}}{kT}\right) \tag{5.9}$$

ここに，σ_n は n 型半導体の電気伝導度で，$\sigma_n = qN_D\mu_n = q^2 D_n N_D/kT$ である．式 (5.9) より，逆方向バイアスの増加にともない逆飽和電流はゆるやかに増加する（図 5.7）．式の導出の詳細は付録 F に示す．

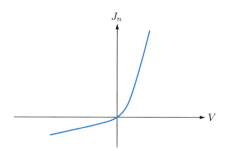

図 5.7　金属 – n 型半導体接合の整流特性

5.4 空乏層容量 – 電圧特性から不純物濃度を求める

式 (5.7) より，空乏層容量 – 電圧特性，すなわち印加電圧 V に対する空乏層容量 C_j の変化がわかる．また，式 (5.7) の両辺を 2 乗すると，

$$\frac{1}{C_j^2} = \frac{2(V_{bi} - V)}{q\varepsilon_s N_D} \tag{5.10}$$

が成り立つ．上式より，V に対する $1/C_j^2$ の変化をプロットすると，図 5.8 に示すように，横軸と交差する点から内蔵電位 V_{bi} を求めることができる．

また，式 (5.10) を V で微分すると，

$$\frac{d}{dV}\left(\frac{1}{C_j^2}\right) = -\frac{2}{q\varepsilon_s N_D} \tag{5.11}$$

となり，次式を得る．

$$N_D = -\frac{2}{q\varepsilon_s} \frac{1}{\frac{d}{dV}\left(\frac{1}{C_j^2}\right)} \tag{5.12}$$

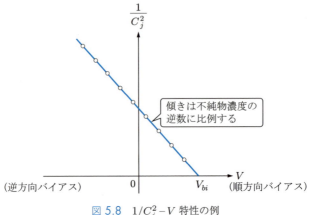

図 5.8　$1/C_j^2 - V$ 特性の例

上式の右辺の q と ε_s は定数であるから，$1/C_j^2 - V$ 特性の傾き，すなわち $\dfrac{d}{dV}\left(\dfrac{1}{C_j^2}\right)$ の逆数がわかれば不純物濃度 N_D を求めることができる．

ちなみに，pn 階段接合の空乏層容量の式 (4.36) の逆数の両辺を 2 乗して $N_A = \infty$ とすると，式 (5.10) と同じ式が得られる．すなわち，$N_A \gg N_D$ の片側階段 pn 接合においても同じ方法で不純物濃度を知ることができる．

■ 演習問題

5.1　金属と $N_D = 10^{16}\,\mathrm{cm}^{-3}$ の n 型シリコンの接合において，その内蔵電位が $0.6\,\mathrm{eV}$ であるとき，空乏層の幅，最大電界強度，および空乏層容量を求めなさい．

5.2　演習問題 5.1 の金属 – 半導体接合において，金属側に $0.3\,\mathrm{V}$ を印加したときの各値を求めなさい．

5.3　演習問題 5.1 の金属 – 半導体接合において，半導体側に $0.3\,\mathrm{V}$ を印加したときの各値を求めなさい．

Chapter 6

バイポーラトランジスタ

　トランジスタは3端子をもつ半導体素子で，その役割は多岐にわたり重要である．たとえば，信号の増幅，信号の検出（イメージセンサなど），演算回路（デジタル信号処理），データの記憶（メモリ素子），素示素子（ディスプレイ画素の駆動）などである．
　トランジスタには二つのタイプがある．ユニポーラトランジスタは，キャリアとして電子あるいは正孔のどちらか一つを利用するものである．一方，バイポーラトランジスタは，電子と正孔の両方が素子の中を移動する．本書では，まずバイポーラトランジスタの動作原理を説明する．バイポーラトランジスタは二つの pn 接合が接近した構造である．したがって，前章までの pn 接合の物理に関する知識があれば，バイポーラトンラジスタの動作原理も容易に理解できる．この章では，バイポーラトランジスタの四つの動作原理の理解を目的とする．とくに，活性モードの理解が重要であり，コレクタ電流が決定されるメカニズムを中心に解説する．

6.1 バイポーラトランジスタの構造

　図 6.1 にシリコンバイポーラトランジスタの概略図を示す．トランジスタの動作で重要なのは2本の破線で挟まれた縦の部分である．上からエミッタ（p 型），ベース（n 型）そしてコレクタ（p 型）の3層構造になっており，各層に電極が付いている．これを pnp 型とよぶが，正反対にエミッタ（n 型），ベース（p 型）そしてコレクタ（n 型）となる npn 型のバイポーラトランジスタもある．本書では pnp 型を例にとり動作原理を説明する．また，理由は後述するが，トランジスタの特性を改善するために

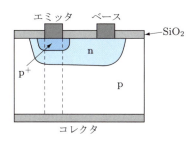

図 6.1　シリコン pnp バイポーラトランジスタの概略図

エミッタの不純物濃度を高く設定しており，p$^+$ 型となっていることに注意する．

この3層構造を横向きにしたものを図 6.2 に示す．図 (a) は素子の概略図であり，各3端子は接地されている．また，ベースの両側がそれぞれ pn 接合となっており，そのため空乏層が形成されている．エミッタ－ベース間の空乏層は，エミッタ側よりベース側のほうが広くなっている．これはエミッタの不純物濃度が高いためである．一方，ベース－コレクタ間の空乏層は，コレクタ側のほうが広くなっている．これも，ベースの不純物濃度をコレクタより高くしているためである．その二つの空乏層の空間電荷分布を示したものが図 (b) であり，その空間電荷により発生する電界を図 (c)，そしてエネルギーバンドを図 (d) に示す．熱平衡状態であるため，フェルミ準位 E_f は全領域で一定となっている．

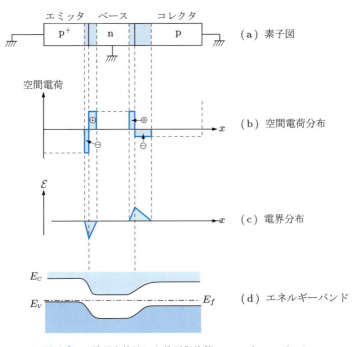

図 6.2　3端子を接地した熱平衡状態の pnp トランジスタ

6.2　トランジスタの動作原理：活性モードの場合

バイポーラトランジスタには四つの動作モードがあるが，まずは信号増幅で用いられる活性モードについて説明する．活性モードの場合，エミッタ－ベース間には順方向バイアス，そしてベース－コレクタ間には逆方向バイアスを印加する．その様子を図

6.3 に示す．図 (a) に示す各端子を流れる電流は，それぞれエミッタ電流 (I_E)，ベース電流 (I_B)，コレクタ電流 (I_C) である．図 (a) に示すように，エミッタ–ベース間の空乏層は順方向バイアスのために狭くなり，一方，ベース–コレクタ間の空乏層は逆方向バイアスのために広くなっている．キャリアの流れで注目すべきは，p$^+$ 型のエミッタからベースに注入される正孔であり，その正孔の一部がベースを通り抜けてコレクタへ到達する．すなわち，これはベース接地とよばれるバイポーラトランジスタの使用方法であり，エミッタが入力回路，コレクタが出力回路となっており，ベースが入力および出力回路で共用されている．キャリアの流れをさらに詳しく見てみよう．

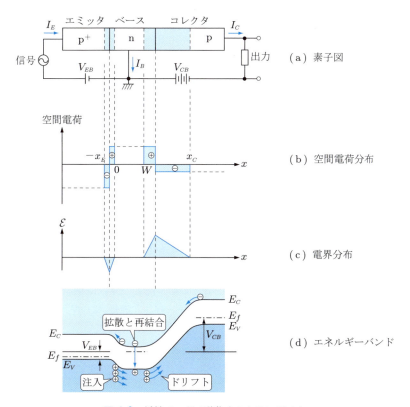

図 6.3 活性モードで動作中のトランジスタ

- エミッタ–ベース間の pn 接合は順方向バイアス（$V_{EB} > 0$ のとき）であるから，p$^+$ 型のエミッタから n 型のベースへ正孔が注入されており，一方，ベースからエミッタへ電子が注入されている．
- ベース–コレクタ間の pn 接合は逆方向バイアス（$V_{CB} > 0$ のとき）であるから，

78 | Chapter 6　バイポーラトランジスタ

小さな逆飽和電流が流れている．

- エミッタからベースに注入された正孔は，ベース中を拡散して進むが，その一部はベースの多数キャリアである電子と再結合して消滅する．
- しかし，ここでベースを十分薄くしておくと，ベースでの再結合がほとんど生じず，正孔はベース–コレクタ間の空乏層端に到達できる．
- ベース–コレクタ間は逆方向バイアスにより高電界になっているので，正孔はドリフトされてコレクタへ進む．
- その結果，逆方向バイアスされているコレクタ端子に大きな電流を流すことができる．

上記はトランジスタ作用とよばれる重要な動作原理である．要約すると，
　「コレクタに近接したエミッタからキャリアを注入することにより，逆方向バイアスされたコレクタに大きな電流を流すことが可能となること」
である．これは，ベースを十分薄くして二つの pn 接合を接近させた構造で実現できるものである．

　バイポーラトランジスタの動作原理を決める主役は，上記のようにエミッタからベース，コレクタへと進むキャリアであり，pnp 型のときは正孔であるが，npn 型では電子となる．

　図 6.4(a) に，活性モードで動作している pnp 型バイポーラトランジスタの内部におけるキャリアの移動と，それに対応する電流成分を示す．エミッタからコレクタへ向かう太い矢印は，トランジスタ作用の主役となる正孔の流れを示している．この矢印の一部がベースの中で曲がっているが，これはベースの多数キャリアである電子との再結合により消滅した正孔を示している．また，電子の流れは細い青い矢印で示しているが，その電流成分 I_{EN} と I_{CN} の向きは逆となり，それらは黒く細い矢印で示している．各電流成分は，

- I_{EP}：エミッタから注入された正孔電流
- I_{CP}：コレクタに到達した正孔電流
- I_{EN}：ベースからエミッタに注入された電子電流
- I_{CN}：ベース–コレクタ間の逆飽和電流（エミッタ解放時）
- I_{BB}：正孔との再結合で消滅したベース中の電子を補充するための電子電流

である．ここに，トランジスタ作用の主役となるのは I_{EP} と I_{CP} である．ベースでの再結合による正孔の減少により，$I_{EP} > I_{CP}$ となる．また，再結合により消滅した電子を補充するのが I_{BB} であるから，$I_{BB} = I_{EP} - I_{CP}$ が成り立つことがわかる．

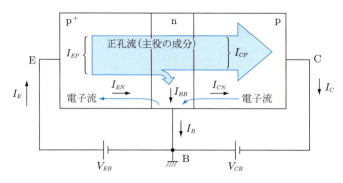

(a) 活性モードpnp型バイポーラトランジスタ内部の各電流成分

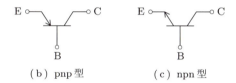

(b) pnp型　　　(c) npn型

図 6.4　バイポーラトランジスタの各電流の流れと回路記号

素子内部の各電流成分と各端子電流，エミッタ電流 I_E，ベース電流 I_B，コレクタ電流 I_C の関係を見てみよう．エミッタ電流とコレクタ電流は

$$I_E = I_{EP} + I_{EN} \tag{6.1}$$
$$I_C = I_{CP} + I_{CN} \tag{6.2}$$

である．このときベース電流を求めると

$$I_B = I_{BB} + I_{EN} - I_{CN} = (I_{EP} - I_{CP}) + (I_E - I_{EP}) - (I_C - I_{CP})$$
$$= I_E - I_C \tag{6.3}$$

となり，これは3端子の電流の間でキルヒホッフの法則が成り立っていることを示している．

図 6.4(b) に pnp 型，図 (c) に npn 型バイポーラトランジスタの回路記号を示す．矢印は主役となるキャリアによる電流の向きを示している．npn 型は電子が主役のキャリアとなり，その流れの向きは同じだが，電流の向きは pnp 型の逆となる．

ここで，入力がエミッタ，出力がコレクタ，ベースは入出力に共通な端子であるから，I_C と I_E の比をベース接地電流利得 α_0 とよぶ．ベース接地電流利得 α_0 を求めてみよう．

80 | Chapter 6　バイポーラトランジスタ

$$\alpha_0 = \frac{I_C}{I_E} = \frac{I_{CP} + I_{CN}}{I_E} \approx \frac{I_{CP}}{I_E} \quad (\because I_{CP} \gg I_{CN})$$

$$= \frac{I_{EP}}{I_{EP} + I_{EN}} \times \frac{I_{CP}}{I_{EP}} = \gamma \times \alpha_T \tag{6.4}$$

$$\gamma \equiv \frac{I_{EP}}{I_{EP} + I_{EN}}, \quad \alpha_T \equiv \frac{I_{CP}}{I_{EP}} \tag{6.5}$$

ここに，γ はエミッタ効率とよばれる値であり，全エミッタ電流 I_E に対する主役となる正孔電流 I_{EP} の割合である．一方，α_T はベース輸送効率であり，エミッタから注入された正孔電流 I_{EP} のうちコレクタに到達した電流 I_{CP} の割合である．

上式で無視した微小な逆飽和電流 I_{CN} を含めてコレクタ電流 I_C を求めると

$$I_C = I_{CP} + I_{CN} = \alpha_0 I_E + I_{CN} \tag{6.6}$$

となる．I_{CN} はエミッタ端子開放時のベース–コレクタ間逆飽和電流であるから，I_{CBO} ともよばれる（最後の添字「O」はエミッタ端子の開放を意味する）．

ベース接地電流利得は，その定義から 1 以上の値になることはない．すなわち，電流増幅はできない．同様に，γ と α_T も 1 以上の値にはならない．一方で，エミッタ接地電流利得 β_0（詳細はあとで説明する）は，ベースが入力，コレクタが出力となるので，ベース電流の変化に対するコレクタ電流の変化と定義して

$$\beta_0 = \frac{\partial I_C}{\partial I_B} = \frac{I_C}{I_E - I_C} = \frac{\alpha_0}{1 - \alpha_0} \tag{6.7}$$

で与えられるから，β_0 の値を大きくするためには，ベース接地電流利得をできるだけ 1 に近づける必要がある．したがって，まずエミッタ効率 γ を 1 に近づけるためには，$I_{EP} \gg I_{EN}$ が成り立つようにトランジスタを設計する必要がある．この二つの値はエミッタおよびベースの不純物濃度の差で決まる．ベースの不純物濃度を下げることはできないので，エミッタの不純物濃度を高く設定することになる．これが前述したエミッタ不純物濃度を p^+ とする理由である．

この章の冒頭で，バイポーラトランジスタは電子と正孔の両方を用いるデバイスであることを述べた．しかし注意すべきは，上述のようにエミッタ効率を改善するためには，エミッタ–ベース間の pn 接合のキャリア移動において，エミッタからベースへ注入されるキャリア数を大きくする工夫がされている点である．したがって，p^+np 型であれば正孔，n^+pn 型であれば電子の注入を大きくしてバイポーラトランジスタの特性を決めていることをよく理解する必要がある．

一方，ベース輸送効率 α_T を 1 に近づけるためには，$I_{CP} \approx I_{EP}$ となるようにする必要がある．すなわち，ベースにおける正孔の再結合による消滅を極力少なくするよ

うにトランジスタを設計することになる．これを実現する方法として，ベースを薄くすることが挙げられる．正孔が n 型半導体中を移動する距離を短くするほど，電子との再結合確率も低下するからである．ただし，ベースを薄くしすぎると二つの空乏層がくっつき，ベース中性領域が消滅してトランジスタ機能を失ってしまうことに注意する必要がある．この現象をパンチスルーという．したがって，良く設計されたバイポーラトランジスタでは，パンチスルーに留意して，$I_{EP} \gg I_{EN}$ かつ $I_{CP} \approx I_{EP}$ が成り立っている．

　ベース接地電流利得が 0.99 であれば，式 (6.7) よりエミッタ接地電流利得は 99 となり，約 100 倍となる．一方，式 (6.4),(6.5) よりベース接地では電流の増幅はできないが，コレクタ電流が外部回路に依存しないので，出力回路（すなわちコレクタ）に大きな負荷を接続すれば電圧を増幅することができる．

■ 例題 6.1

　pnp バイポーラトランジスタにおいて，$I_{EP} = 3.30\,\mathrm{mA}$，$I_{EN} = 0.02\,\mathrm{mA}$，$I_{CP} = 3.29\,\mathrm{mA}$，$I_{CN} = I_{CBO} = 0.001\,\mathrm{mA}$ であるとき，エミッタ効率，ベース輸送効率，ベース接地電流利得，エミッタ電流，コレクタ電流，ベース電流を求めなさい．

■ 解答

　式 (6.4),(6.5) より，エミッタ効率，ベース輸送効率，ベース接地電流利得はそれぞれ

$$\gamma = \frac{I_{EP}}{I_{EP} + I_{EN}} = \frac{3.30}{3.30 + 0.02} = 0.9940$$

$$\alpha_T = \frac{I_{CP}}{I_{EP}} = \frac{3.29}{3.30} = 0.9970$$

$$\alpha_0 = \gamma \times \alpha_T = 0.9940 \times 0.9970 = 0.9910$$

である．このとき，各端子電流は

$$I_E = I_{EP} + I_{EN} = 3.30 + 0.02 = 3.32 \ [\mathrm{mA}]$$

$$I_C = \alpha_0 I_E + I_{CBO} = 0.9910 \times 3.32 + 0.001 = 3.291 \ [\mathrm{mA}]$$

$$I_B = I_E - I_C = 3.32 - 3.291 = 0.029 \ [\mathrm{mA}]$$

である．

6.3 活性モードにおけるコレクタ電流の決定

バイポーラトランジスタの動作を決める主役が，エミッタから注入され，ベースを拡散して進み，コレクタに到達するキャリアであることがわかった．ここからコレクタ電流が定まるが，電流値を決めるものは何であろうか．結論を言うと，ベース中性領域でのキャリアの密度勾配により拡散電流が定まるのである．

では，ベース中性領域の正孔の密度勾配からコレクタ電流を求めてみよう．ベース中性領域の幅を L_B として，その左端の座標を $x=0$，右端を $x=L_B$ とする．ベース中性領域の熱平衡状態の正孔密度を p_{n0} とすると，エミッタ–ベース間の順方向バイアス電圧が V_{EB} であれば，$x=0$ での正孔密度は空乏層両端の電位差のみで定まるのであるから，次式で与えられる．

$$p_n(0) = p_{n0} \exp\left(\frac{qV_{EB}}{kT}\right) \tag{6.8}$$

一方，ベース–コレクタ間電圧を V_{CB} とすれば（図 6.4 の電圧源 V_{CB} の極性より，$V_{CB}>0$ のときベース–コレクタ間は逆方向バイアスになることに注意して），$x=L_B$ での正孔密度は上式において V_{EB} を $-V_{CB}$ とすれば求められる．ただし，ベース–コレクタ間電圧は逆方向バイアスなので $-V_{CB}<0$ であるから，$p_n(L_B)=0$ となる．また前節で説明したように，ベースを十分薄くすることが良いトランジスタの設計であり，ベース中性領域での正孔の再結合がほとんどないのであるから，正孔密度の勾配は指数関数状の減少ではなく，図 6.5 に示すように直線で近似できる．このとき，正孔密度の勾配 $p_n(x)$ は次式で示すことができる．

$$p_n(x) = p_n(0)\left(1 - \frac{x}{L_B}\right) \tag{6.9}$$

外部印加電圧はすべて抵抗値の大きい空乏層に印加されるので，ベース中性領域に電界はない．したがって，式 (6.9) の正孔密度勾配で決まる拡散電流を求めればよい．

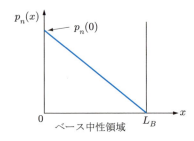

図 6.5　ベース中性領域での正孔の密度勾配の様子

$x = 0$ での正孔拡散電流 I_{EP} および $x = L_B$ での正孔拡散電流 I_{CP} は，素子面積を A としてそれぞれ

$$I_{EP} = -AqD_p \frac{dp_n}{dx}\bigg|_{x=0} = \frac{AqD_p}{L_B} p_n(0) = \frac{AqD_p}{L_B} p_{n0} \exp\left(\frac{qV_{EB}}{kT}\right) \quad (6.10)$$

$$I_{CP} = -AqD_p \frac{dp_n}{dx}\bigg|_{x=L_B} \quad\quad\quad\quad\quad\quad\quad\quad (6.11)$$

で与えられるが，このとき，正孔密度勾配 dp_n/dx が位置によらず一定なので，両者の値は等しく $I_{CP} = I_{EP}$ となる．ただし，実際にはベース中性領域での再結合による正孔密度の減少があるので，I_{CP} は I_{EP} より若干小さい値となる．すなわち，理想的にはコレクタ電流とエミッタ電流は $I_C = I_E$ であるが，実際には I_C が若干小さくなる．このことから，コレクタ電流 I_C は V_{CB} では決まらず，エミッタ電流 I_E とほぼ等しい値となることがわかる．エミッタ電流は式 (6.8) および式 (6.10) からわかるように，印加電圧 V_{EB} による $p_n(0)$ の増減によって決まる．たとえば，V_{EB} が増加すると，$x = 0$ での正孔密度 $p_n(0)$ も増加する．そのため，式 (6.9) で与えられる正孔密度の勾配も増加し，その結果，式 (6.10)，(6.11) よりエミッタ電流とコレクタ電流が増加するのである．

6.4 四つの動作モード

活性モード以外に，飽和モード，遮断モード，逆動作（逆活性）モードとよばれる動作がある．これらは，二つの pn 接合に印加される二つのバイアス電圧の極性の組み合わせが 4 通りあるために異なる動作モードとなる．各動作モードのバイアス電圧の極性の組み合わせ，正孔密度分布の概略を図 6.6 に示す．また，ベース接地トランジスタの電流 – 電圧特性（I_C – V_{CB} 特性）を図 6.7 に示す．

■ **活性モード**：$V_{EB} > 0, V_{CB} > 0$

すでに説明している動作モードであり，図 6.7 より，コレクタ電流 I_C は V_{CB} に依存せず，$I_C \approx I_E$ となっており，エミッタ電流 I_E で決まることがわかる．

■ **飽和モード**：$V_{EB} > 0, V_{CB} < 0$

二つの pn 接合ともに順方向バイアスを印加するので，エミッタとコレクタの両方からベースへ正孔が注入されている．そのため，ベース中性領域での正孔密度分布がほぼフラットになり（図 6.6 の左上），コレクタ電流はほぼゼロとなる．しかし，実際には飽和モードは図 6.7 の青色部分の範囲（$V_{CB} \leq 0$）も含めると定められている．す

84 | Chapter 6 バイポーラトランジスタ

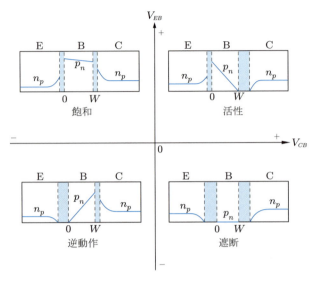

図 6.6 pnp 型バイポーラトランジスタの各動作モードにおけるバイアス電圧の極性と少数キャリア分布．$V_{CB} > 0$ のときベース–コレクタ間は逆方向バイアスになっていることに注意．

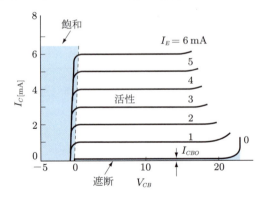

図 6.7 ベース接地トランジスタの電流–電圧特性（I_C–V_{CB} 特性）の例

なわち，$V_{CB} = 0$ のときも飽和モードに含む．このとき，$p_n(L_B) = p_{n0}$ となり，ベース中性領域での正孔密度分布に勾配が生じるのでコレクタ電流はゼロにはならず，活性モードよりやや減少した値となる．$V_{CB} = 0$ のときの $I_C \neq 0$ の動作は，デジタル演算素子のスイッチング素子においてオン状態として用いられる．

■遮断モード：$V_{EB} < 0, V_{CB} > 0$

両方の pn 接合ともに逆方向バイアスを印加する．そのため，ベース中性領域にキャリアが注入されない．これは，V_{CB} の値に依存せずコレクタ電流はほぼゼロとなる動作

である．ただし，微小な逆飽和電流 ($I_{CN} = I_{CBO}$) が流れる．この I_{CBO} 以下のコレクタ電流の範囲が遮断モードと定義されている．スイッチング素子においてオフ状態として用いられる．

■ 逆動作（逆活性）モード：$V_{EB} < 0, V_{CB} < 0$

エミッタ–ベース間は逆方向バイアス，ベース–コレクタ間は順方向バイアスを印加する．すなわち活性モードと反対の極性である．トランジスタの構造がベースを中心として左右対称であれば，活性モードと同じ動作をする．しかし，良く設計されたバイポーラトランジスタでは，エミッタの不純物濃度を高くしている．そのため，逆動作モードではエミッタ効率の値が悪く，電流利得も悪くなる．したがって，通常は逆動作モードでは使用しない．

6.5 エミッタ接地

エミッタ接地はベースを入力端子，コレクタを出力端子とする回路構成となっており，電流増幅と電圧増幅ともに大きな値を得ることができる．活性モードにおけるエミッタ接地トランジスタの回路図とキャリアの流れを図 6.8 に示す．バイアス電圧の

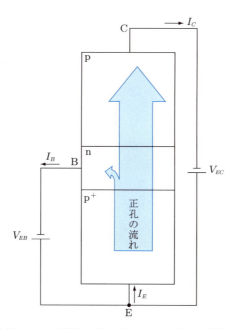

図 6.8 エミッタ接地トランジスタのキャリアの流れの様子

86 | Chapter 6　バイポーラトランジスタ

極性はベース接地の活性モードと同じである．すなわち，エミッタ–ベース間の pn 接合には順方向バイアスとなるように V_{EB} が印加されており，一方，ベース–コレクタ間には逆方向バイアスとなるように V_{EB} と V_{EC} の値を定める．したがって，主役となるキャリアの流れもベース接地と同じであり，図中に太い矢印で示した正孔の流れ（エミッタから注入されて，ベースを拡散して進み，コレクタに到達する）である．I_{EN} などの各電流成分も図 6.4(a) と同じであるため，ここでは省略する．

　エミッタ接地においても，理想的にはコレクタ電流 I_C は V_{CB} には依存しない．V_{CB} を変化させることは，言い換えると V_{EC} を変化させることに等しい．結論を言うと，エミッタ接地のコレクタ電流は V_{EC} には依存せず，式 (6.3) に示したキルヒホッフの関係が成り立つベース電流 I_B とエミッタ電流 I_E の関係で決まる．この二つの電流のうち，とくに I_E はエミッタ–ベース間の順方向バイアス V_{EB} による注入電流であるから，コレクタ電流は V_{EB} で決まると考えてもよい．

　入力電流である I_B と出力電流である I_C の関係を見てみよう．コレクタの逆飽和電流 $I_{CN}(= I_{CBO})$ を含めたとき，ベース接地電流利得 α_0 を用いてコレクタ電流は次式で与えられる．

$$I_C = \alpha_0 I_E + I_{CBO} = \alpha_0 (I_B + I_C) + I_{CBO}$$
$$= \frac{\alpha_0}{1 - \alpha_0} I_B + \frac{I_{CBO}}{1 - \alpha_0} \tag{6.12}$$

　ここで，エミッタ接地電流利得 β_0 は I_B の増減に対する I_C の増減分であるから，式 (6.7) を改め次式 (6.13) で定まり，β_0 を用いてコレクタ電流は続く式 (6.14) で定まる．

$$\beta_0 = \frac{\partial I_C}{\partial I_B} = \frac{\alpha_0}{1 - \alpha_0} \tag{6.13}$$

$$I_C = \beta_0 I_B + I_{CEO} \tag{6.14}$$

ただし，$I_{CEO} = I_{CBO}/(1 - \alpha_0)$ である．

　エミッタ接地トランジスタの電流–電圧特性（I_C–V_{EC} 特性）を図 6.9 に示す．これはコレクタ電流 I_C の変化の実際の様子の一例である．理想的には I_C は V_{EC} には依存しないと説明したが，実際のコレクタ電流の特性は異なることがわかる．まず，$I_B = 0$ であってもコレクタ電流が若干流れている．これは，I_{CEO} が存在するためである．理想的な説明ともっとも異なる点は，V_{EC} の増加に対して，コレクタ電流 I_C も若干増加していることである．これはアーリー効果（図 6.10）とよばれる現象である．V_{EC} の増加によってベース–コレクタ間の逆方向バイアス電圧も大きくなるため，空乏層の幅が広がる．このため，ベース中性領域の幅が狭くなるので，注入されたキャリア分布の傾き dp_n/dx が大きくなり，式 (6.11) よりコレクタ電流が増加することに

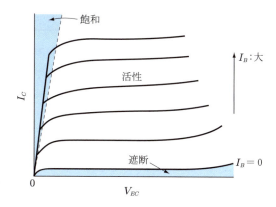

図 6.9 エミッタ接地トランジスタの電流−電圧特性（I_C−V_{EC} 特性）の例

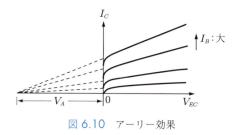

図 6.10 アーリー効果

なる．同時に，エミッタ接地電流利得 $β_0$ も増加する．そのため，アーリー効果は別名，ベース幅変調効果ともよばれる．

図に示すように，各ベース電流に対して定まるコレクタ電流の傾きから左方向に延長するように直線を引くと，横軸上のほぼ同じ点に収束することが知られている．この電圧値をアーリー電圧 V_A とよぶ．

■ 例題 6.2

例題 6.1 と同じ条件のとき，エミッタ接地電流利得と I_{CEO} を求めなさい．

■ 解答

式 (6.13) と式 (6.14) より，それぞれの値は

$$β_0 = \frac{α_0}{1 - α_0} = \frac{0.9910}{1 - 0.9910} = 110.1$$

$$I_{CEO} = \frac{I_{CBO}}{1 - α_0} = \frac{0.001}{1 - 0.9910} = 0.111 \text{ [mA]}$$

となる．I_{CBO} の値が微小な逆飽和電流であっても，良く設計されたバイポーラトランジスタでは，エミッタ接地のとき I_{CEO} の値は無視できないほど大きくなる．

6.6 バイポーラトランジスタの周波数特性

これまではバイポーラトランジスタの直流特性について説明してきた．しかし，トランジスタとは時間に依存して変動する信号を増幅する素子であるから，電流利得の周波数特性を知ることはとても重要である．実際，トランジスタの電流利得は入力信号が高周波になると低下することがわかっている．その理由は主に二つあり，

(1) ベースに注入されるキャリアの時間変化が高い周波数に追従しなくなること
(2) 二つの pn 接合にある静電容量により定まる時定数の影響

である．

6.6.1 ベースのキャリア注入量の周波数依存性

図 6.11(a) にエミッタから交流信号が入力されているベース接地 p^+np トランジスタの回路図，図 (b) にベース中性領域における少数キャリア密度勾配の時間変化の様子を示す．ベース中性領域の左端 $x=0$ からキャリアが注入されており，信号の時間変化に追従してキャリア密度が変化している．それに対して，ベース中性領域の右端 $x=L_B$ はベース‒コレクタ間の逆方向バイアスのため，キャリア密度は常にゼロである．したがって，入力信号の変化に追従してベース中性領域での少数キャリア密度の勾配が変化するので，コレクタ電流も変化することになる．

計算が複雑になるので詳細は付録 G.2 に記して結論だけ述べると，高周波になるとベース輸送効率が低下する．交流印加時のベース輸送効率 α'_T は次式で与えられる．

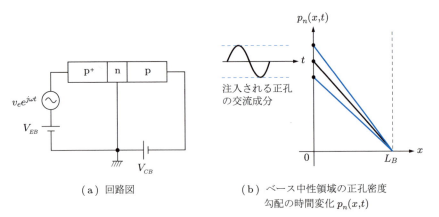

(a) 回路図　　(b) ベース中性領域の正孔密度勾配の時間変化 $p_n(x,t)$

図 6.11　エミッタから交流信号が入力されたベース接地 p^+np トランジスタの少数キャリアの密度勾配

$$\alpha'_T = \frac{\alpha_T}{1+j\omega/\omega_{ab}} \tag{6.15}$$

ここに ω_{ab} はベース接地遮断角周波数であり，$\omega = \omega_{ab}$ のとき α'_T の大きさは $\alpha_T/\sqrt{2}$ になる．そのため，交流印加時のベース接地電流利得はベース輸送効率とエミッタ効率の積であるが，主に α'_T で決まり，高周波領域で低下してしまう．同時に，エミッタ接地電流利得も高周波領域で低下する．

6.6.2 ■ pn 接合の静電容量の影響

pn 接合の空乏層はコンデンサと等価であり，その幅と誘電率で決まる空乏層容量があること，そして順方向バイアス印加時には拡散容量が生じることを第 4 章で学んだ．したがって，コンデンサにはキャリアの蓄積と放電に一定の時間がかかることから，ある高周波以上になるとそのキャリア蓄積と放電が追従しなくなってしまう．

図 6.12(a) に拡散容量と空乏層容量を含むエミッタ接地バイポーラトランジスタを示す．ここに，エミッタ–ベース間は順方向バイアスなので空乏層容量と拡散容量の両方が存在するので，それを C_{EB} とする．また，ベース–コレクタ間は逆方向バイアスなので空乏層容量のみが存在し，それを C_{CB} で表している．このとき，C_{CB} は電圧利得を A_v とすると $1+A_v$ 倍した値，すなわち $(1+A_v)C_{CB}$ としてエミッタ–ベース間のコンデンサと等価と見なせる．これをミラー効果とよぶ．したがって，二つの pn 接合に生じるコンデンサは，すべてエミッタ–ベース間のコンデンサとして考えることができる．図 (b) より二つのコンデンサは並列なので，合わせて $C_{eq} = C_{EB} + (1+A_v)C_{CB}$ とする．

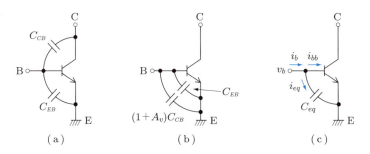

図 6.12 ミラー効果を考慮したエミッタ接地増幅回路の回路図

図 (c) に示すように，交流ベース電圧を v_b，交流ベース電流を i_b，コンデンサ C_{eq} に流れる電流を i_{eq}，トランジスタに流れ込む交流電流を i_{bb} とするとつぎの 2 式が成り立つ．

$$i_b = i_{bb} + i_{eq} \tag{6.16}$$
$$i_{eq} = j\omega C_{eq} v_b \tag{6.17}$$

このとき，交流のエミッタ接地電流利得 β_0' はつぎのように計算できる．

$$\beta_0' = \frac{i_c}{i_b} = \frac{i_c}{i_{bb} + i_{eq}} = \frac{i_c}{i_{bb} + j\omega C_{eq} v_b} = \frac{\beta_0}{1 + j\omega C_{eq} v_b/i_{eq}}$$
$$= \frac{\beta_0}{1 + j\omega C_{eq} r_{eq}} \tag{6.18}$$

ここに，v_b を小信号と見なして $v_b/i_{eq} = r_{eq}$ の抵抗素子とした．また，β_0 は直流のエミッタ接地電流利得であり，$\beta_0 = i_c/i_{bb}$ である（β_0 は h_{FE} とも表記する．付録 G.1 を参照）．式 (6.18) からわかるように，交流エミッタ接地電流利得は分母に周波数を含むから，高周波では電流利得は低下する．この原因は，高周波になり ω の値が増加すると式 (6.17) より i_{eq} の値が大きくなるので，トランジスタに流れ込む電流 i_{bb} が小さくなるためである．とくに，$\omega = 1/C_{eq}r_{eq}$ のとき β_0' の大きさは $\beta_0/\sqrt{2}$ となる．すなわち，直流のときの $1/\sqrt{2}$ になる．この角周波数を<u>エミッタ接地遮断角周波数</u> ω_{ae} とよぶ．

高周波特性を考慮した小信号等価回路を図 6.13(a) に示す．ここに，$g_m = i_c/v_b$ は相互コンダクタンス，$g_{EB} = i_b/v_b$ は入力コンダクタンスである．図 (b) はアーリー効果や電極の接触抵抗を考慮した小信号等価回路である．$g_{EC} = i_c/v_c$ が出力コンダクタンスであり，アーリー効果を考慮したものである．また，r_b および r_c はベース抵抗とコレクタ抵抗であり，電極の接触抵抗が考慮されている．

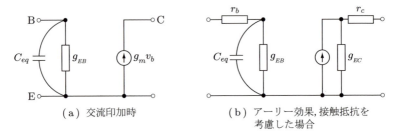

図 6.13 交流印加時の小信号等価回路（エミッタ接地）

6.6.3 ■ 電流利得の周波数特性

図 6.14 にベース接地およびエミッタ接地電流利得の周波数特性を示す．交流のベース接地電流利得は

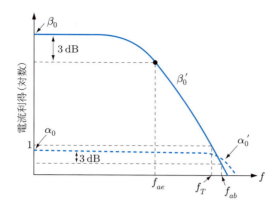

図 6.14　ベース接地およびエミッタ接地電流利得の周波数特性

$$\alpha_0' = \frac{\alpha_0}{1+j(f/f_{ab})} \tag{6.19}$$

であり，一方，交流のエミッタ接地電流利得は

$$\beta_0' = \frac{\beta_0}{1+j(f/f_{ae})} \tag{6.20}$$

で表される．ここに，**ベース接地遮断周波数** $f_{ab} = \omega_{ab}/2\pi$，および**エミッタ接地遮断周波数** $f_{ae} = \omega_{ae}/2\pi$ である．このとき，交流のエミッタ接地電流利得 β_0' は

$$\beta_0' = \frac{\alpha_0'}{1-\alpha_0'} = \frac{\dfrac{\alpha_0}{1+j(f/f_{ae})}}{1-\dfrac{\alpha_0}{1+j(f/f_{ae})}} = \frac{\alpha_0}{1-\alpha_0+j(f/f_{ae})} \tag{6.21}$$

と変形できる．さらに，上式の分子分母を $1-\alpha_0$ で割ると

$$\beta_0' = \frac{\dfrac{\alpha_0}{1-\alpha_0}}{1+j\dfrac{f}{(1-\alpha_0)f_{ab}}} = \frac{\beta_0}{1+j\dfrac{f}{(1-\alpha_0)f_{ab}}} \tag{6.22}$$

が導出される．したがって，上式と式 (6.20) が等しいので，$f_{ae} = (1-\alpha_0)f_{ab}$ が成り立つ．このとき，良く設計されたバイポーラトランジスタでは α_0 は 1 より若干小さい値であるから，二つの遮断周波数の関係に $f_{ae} \ll f_{ab}$ が成り立つことがわかる．

交流のエミッタ接地電流利得が 1 となる周波数，すなわちこれ以上の高周波では電流増幅しなくなる**トランジッション周波数** f_T では，式 (6.20) より次式が成り立つ．

$$1 = \left|\frac{\beta_0}{1+j(f_T/f_{ae})}\right| = \frac{\beta_0}{\sqrt{1+(f_T/f_{ae})^2}} \tag{6.23}$$

92 | Chapter 6　バイポーラトランジスタ

これより，トランジッション周波数は次式で得られる.

$$f_T = \sqrt{\beta_0^2 - 1} f_{ae} \approx \beta_0 f_{ae} = \beta_0 (1 - \alpha_0) f_{ab} = \alpha_0 f_{ab} \tag{6.24}$$

すなわち，f_T は f_{ab} に近いがそれより若干小さな値であることがわかる.

　以上の計算から，f_{ab}，f_{ae}，および f_T の大小関係がわかった．これら三つの値は図6.14 に示す交流のベース接地およびエミッタ接地電流利得のグラフ上に示されており，その大小関係を図上でも確認できる.

　ちなみに，f_T の値は次式で見積もることができる.

$$f_T = \frac{\omega_T}{2\pi} = \frac{1}{2\pi \tau_T} \tag{6.25}$$

ここに，τ_T は少数キャリアがエミッタからコレクタへ移動するのに要する時間である.

　ベース領域を少数キャリアが時間 dt の間に移動する距離 dx は，ベース中の実効少数キャリア速度を $v(x)$ として $dx = v(x)dt$ である．このとき，$v(x)$ と電流 I_p の関係は素子の断面積を A として

$$I_p = qv(x)p_n(x)A \tag{6.26}$$

である．一方，正孔がベース中性領域（幅を L_B とする）を通過する時間 τ_B は

$$\tau_B = \int_0^{L_B} \frac{dx}{v(x)} = \int_0^{L_B} \frac{qp_n(x)A}{I_p} dx \tag{6.27}$$

と記述できる．$p_n(x)$ は式 (6.9) で与えられ，なおかつ I_p は式 (6.10)，(6.11) より

$$I_p = I_{EP}(= I_{CP}) = \frac{AqD_p}{L_B} p_{n0} \exp\left(\frac{qV_{EB}}{kT}\right) \tag{6.28}$$

である．よって，上式と式 (6.8)，(6.9) を式 (6.27) に代入して積分すると，τ_B は次式で与えられる.

$$\tau_B = \frac{L_B^2}{2D_p} \tag{6.29}$$

　このとき，エミッタとコレクタを主役のキャリアが移動する時間は微小なので $\tau_B \approx \tau_T$ と見なせる．すなわち，トランジッション周波数 f_T を改善するためにはベース中性領域の幅 L_B を狭くすればよい．ただし，前述のようにパンチスルーに注意した設計が必要である．ちなみに，シリコンでは電子の拡散係数は正孔の約 3 倍であり（$D_n \approx 3D_p$），そのため高周波トランジスタには n$^+$pn 型が採用される.

6.7 スイッチング過渡特性

前節ではアナログの高周波信号に対するトランジスタの動作を学んだが，トランジスタはデジタル回路にも用いられる．デジタル信号は 2 値であり，0 と 1，あるいは "Low" と "High" などとよばれる．デジタル集積回路を構成する論理演算ゲートでもっとも簡単なものは，1 個のトランジスタからなるインバータ回路（あるいは NOT 回路）である．これは入力信号 "Low" を出力信号 "High" に反転させ，逆に入力信号 "High" を出力信号 "Low" に反転させる論理演算を行う素子である．その動作を見てみよう．

簡単なスイッチング回路を図 6.15(a) に示す．入力信号が "High" のとき，ベース電流 I_B が流れるとコレクタ電流 I_C も流れる．そのため，コレクタ抵抗 R_C での電圧降下により出力電圧がほぼゼロとなるように R_C の値が決められている．よって，入力信号 "High" に対して出力信号は反転した "Low" となる．これはコレクタが低電圧，大電流の飽和モードであり，オン状態とよばれる．動作点は図 (b) の A になる．

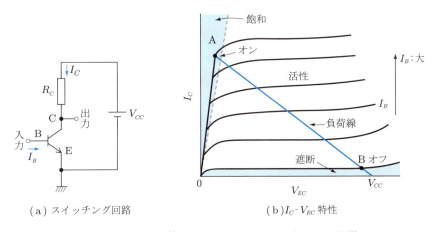

(a) スイッチング回路　　　　(b) I_C-V_{EC} 特性

図 6.15　エミッタ接地トランジスタによるスイッチング回路

一方，入力信号が "Low" のとき，ベース電流が流れなければ，R_C での電圧降下は生じず，出力電圧は電源電圧と等しい $\approx V_{CC}$ となる．よって，入力信号 "Low" に対して出力信号は反転した "High" となる．これはコレクタが高電圧，小電流の遮断モードであり，オフ状態とよばれる．動作点は図 (b) の B である．$I_B = 0$ でも微小な逆飽和電流が流れているので，出力電圧は若干 V_{CC} より小さくなる．

オン状態とオフ状態の間を切り替わるために必要な時間をスイッチング時間とよぶ．この切り替わりにもある有限な時間を要するので，入力信号の変化に対して出力信号の変化に遅れが生じる．これがデジタル回路の動作速度の上限となっている．これは

ベースに蓄積される過剰少数キャリアの時間変化で決まることが知られている．その様子を見てみよう．

図 6.16 に，スイッチング回路に矩形のベース電流が流れ込んだときのベース中性領域の少数キャリア分布およびコレクタ電流の時間変化の様子を示す．図 (a) のようにベース電流は時刻 0 から t_2 まで一定値が流れており，この間，図 (b) に示すようにベース中性領域に蓄積される少数キャリアは単調に増加し，$t = t_2$ で最大値となる．一方，ベース電流が止まる t_2 以降には少数キャリアの蓄積は単調に減少する．しかし，コレクタ電流は図 (c) に示すように，時刻 t_2 からすぐに減少せずにやや遅れた時刻 t_3 から減少が始まり，やがて 0 になっている．すなわち，コレクタ電流のオン/オフ状態の切り替えはベース電流よりも遅れが生じており，このためデジタル回路の動作速度に制限が生じてしまう．

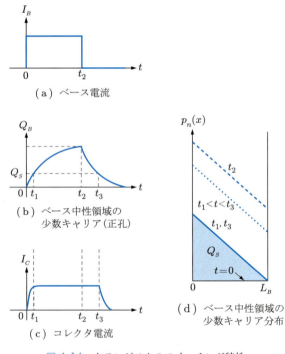

図 6.16　トランジスタのスイッチング特性

このコレクタ電流の遅れの原因は，図 (d) に示すベース中性領域の少数キャリア分布の時間変化の様子を見ると理解できる．まず，スイッチング回路が飽和モードのオン状態のときの少数キャリア蓄積量を Q_S とする．Q_S の値は図 (d) に青色で示す三角形の面積に等しく，図 (b) において時刻 t_1 と t_3 のときの値である．

ベース中性領域の少数キャリア蓄積量 $Q_B(t)$ とコレクタ電流の時間変化の様子を順を追って見てみよう.

- $t = 0$：$Q_B(0) = 0$ の遮断モードである. 少数キャリアの蓄積はまったくない.
- $0 < t_1$：$Q_B(t) < Q_S$ であり, 飽和モードに到達する前の活性モードである. Q_B の増加とともに図 (d) に示す少数キャリア分布の傾きが徐々に増加するため, コレクタ電流も増加する
- $t = t_1$：$Q_B(t_1) = Q_S$ となり, 活性モードから飽和モードになる境界である. 少数キャリア分布の傾きは図 (d) の青色のエリアの三角形の斜線と一致する.
- $t_1 < t < t_3$：$Q_B(t) > Q_S$ であり, 飽和モードのまま少数キャリアはさらに注入される. コレクタ電流の値は一定であるため, 少数キャリア分布の傾きは変わらない. 少数キャリア蓄積量は時刻 t_2 で最大となり, そのときの少数キャリア分布の傾きは図 (d) に破線で示すものとなる. 時刻 t_2 以降はベース電流がゼロとなるため少数キャリア蓄積量は減少するが, 時刻 t_3 までは $Q_B(t) > Q_S$ であるため飽和モードのままである.
- $t = t_3$：$Q_B(t_3) = Q_S$ となり, 飽和モードから活性モードになる境界である. 少数キャリア分布の傾きは図 (d) の斜線のエリアの三角形の斜線と一致する.
- $t > t_3$：$Q_B(t) < Q_S$ となり, 活性モードである. 少数キャリア蓄積量の減少とともに少数キャリア分布の傾きも減少するためコレクタ電流も減少する. やがて, コレクタ電流がゼロとなる遮断モードとなる.

オフ状態からオン状態に切り替わるために要する時間 $0 \sim t_1$ のことを**ターンオン時間**とよび, 上記で解説したように, ターンオン時間はベース中性領域への少数キャリア注入時間で決まる. 一方, 時刻 t_3 からコレクタ電流がゼロとなるまでの時刻はオン状態からオフ状態に切り替わる時間であり, これを**ターンオフ時間**とよぶ. ターンオフ時間は少数キャリア寿命 τ_p で決まる. この理由は, 少数キャリア（正孔）の注入がなくなったあとは, 多数キャリア（電子）との再結合により少数キャリアが指数関数的に減少していくためである.

6.8 サイリスタ

図 6.17 に示すデバイスは 3 対の pn 接合が相互に作用し合うように配置した $p_1n_1p_2n_2$ 構造である. この素子の p_1 には**アノード**とよばれるオーミック電極が, n_2 には**カソード**とよばれるオーミック電極が, そして p_2 にはゲートとよばれるオーミック電極が取り付けられている. このような 3 端子構造の素子は**サイリスタ**（または制御整流器）とよばれ, 電力制御デバイスとして広く用いられている.

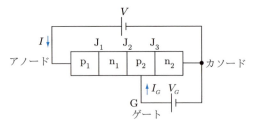

図 6.17　サイリスタの構造

6.8.1 ■ pnpn スイッチ

同じような pnpn 構造で，ゲート電極をもたない 2 端子構造の素子を pnpn スイッチとよぶ．図 6.18(a) に pnpn スイッチのエネルギーバンド構造を示す．アノードはカソードに対して比較的低い正の電圧が印加されており，接合 J_1 と J_3 は順方向バイアス，接合 J_2 は逆方向バイアスになっている．

この pnpn 素子は図 6.19 に示すように，$p_1 n_1 p_2$ と $n_1 p_2 n_2$ のたがいに反対に向き合った二つのバイポーラトランジスタ（Tr_1 と Tr_2）が組み合わさったものと考えることができる．実際に，エミッタ領域に対応する p_1 と n_2 の領域はほかの領域より不

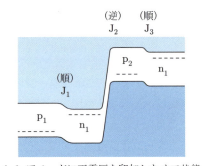

(a) アノードに正電圧を印加したオフ状態　　(b) ブレークオーバーが起こったオン状態

図 6.18　pnpn スイッチのエネルギーバンド構造

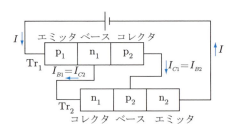

図 6.19　pnpn スイッチの等価回路モデル

純物濃度を大きくしてエミッタ効率を高めるように設計されている.

ここで,接合 J_2 を流れる電流を考察して素子に流れる電流 I を求めよう.まず,$p_1n_1p_2$ で構成される Tr_1 において接合 J_2 を流れる電流 I_{C1} は,p_1 から注入されてここに到達した $\alpha_1 I$ と,この接合部における逆飽和電流 I_{C01} の和である.ここに,α_1 は Tr_1 のベース接地電流利得である.

$$I_{C1} = \alpha_1 I + I_{C01} \tag{6.30}$$

また,ベース電流 I_{B1} は

$$I_{B1} = I - I_{C1} \tag{6.31}$$

である.

同様に,$n_1p_2n_2$ で構成される Tr_2 において接合部 J_2 を流れる電流 I_{C2} は,n_2 から注入されてここに到達した $\alpha_2 I$ と,この接合部における逆飽和電流 I_{C02} の和である.ここに,α_2 は Tr_2 のベース接地電流利得である.

$$I_{C2} = \alpha_2 I + I_{C02} \tag{6.32}$$

ベース電流は

$$I_{B2} = I - I_{C2} \tag{6.33}$$

である.よって,図 6.19 からわかるように $I_{B1} = I_{C2}$ かつ $I_{B2} = I_{C1}$ であるから,I_{B1},I_{B2},I_{C1},I_{C2} を消去して次式が得られる.

$$I = \frac{I_{C01} + I_{C02}}{1 - (\alpha_1 + \alpha_2)} \tag{6.34}$$

この式の分母の $(\alpha_1 + \alpha_2)$ の値は,素子の印加電圧が低いときは 1 より小さくなるように設計されている.すなわち,pnpn 素子の p_2 および n_1 領域の幅を通常のトランジスタのベース幅より広くすることで,ベースに注入された少数キャリアの再結合を多くして電流利得を小さくしてある.したがって,この状態での電流 I の値は,たとえば $(\alpha_1 + \alpha_2) = 0.99$ であるとしても逆飽和電流の 100 倍程度のきわめて小さな値であり,素子には電流が流れにくいインピーダンスの非常に高い状態にある.この状態をオフ状態(あるいは順方向阻止状態)とよぶ.

しかし,印加電圧を増加していくとその電圧はほとんど逆方向バイアスされている接合 J_2 に印加され,そのため J_2 の空乏層が広がり実効的なベース幅が減少する.さらに,空乏層中の電界が強まるために,なだれ降伏によってキャリアが増幅される.こ

れらの効果は $(\alpha_1 + \alpha_2)$ の値を増大させる．

そして，ある値の電圧になると $(\alpha_1 + \alpha_2) \fallingdotseq 1$ となり電流が急増する．この電圧をブレークオーバー電圧 V_B とよぶ．一度この状態になると，多量に注入されたキャリアによって接合 J_2 にあるイオン化したドナーやアクセプタがつくる空間電荷は中和消滅されるので，高い逆方向バイアスはなくなる．このときのエネルギーバンド構造は，図 6.18(b) に示すように接合 J_2 は順方向バイアスとなる．そのため pnpn 素子の端子電圧は激減し，流れる電流は印加電圧で定まるようになる．この状態をオン状態（あるいは順方向導通状態）とよぶ．一度オン状態になった素子は電流が 0 になるまでオン状態を維持する．以上の説明から，この素子はスイッチ機能をもっていることがわかる．図 6.20 に pnpn スイッチ素子の電流 – 電圧特性を示す．

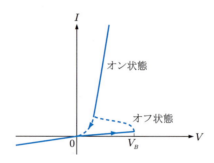

図 6.20　pnpn スイッチの電流 – 電圧特性

6.8.2 ■ サイリスタ

つぎに，pnpn 素子にゲートを付けた構造のサイリスタの動作原理を説明する．正のゲート電圧により接合 J_3 に順方向バイアスを与えると，Tr_2 のエミッタから電子の注入が増加する．この電子の大部分は接合 J_2 まで拡散していき，そこにある空間電荷を中和し，素子をオン状態に切り替える．これをターンオンとよぶ．エミッタから注入されるキャリアが多いほど，すなわちゲート電流 I_G が大きいほどこのターンオンは起こりやすくなり，そのためブレークオーバー電圧は低下する．これを図 6.21 に示す．

オン状態のサイリスタをオフ状態にすることをターンオフというが，これを行うには印加電圧をゼロまたは負にして電流を一度ゼロにしなければならない．

図 6.22 にサイリスタの動作例を示す．サイリスタに交流電圧が印加されている．アノードに正電圧が印加されても電流は流れないが，ゲートに正電圧が入力されるとターンオンとなり，電流が流れ始める．ゲート信号がなくなってもアノードに正電圧が印加されているときは電流が流れ続ける．しかし，アノードの電圧がゼロになるとターンオフとなり，電流がゼロとなる．そして，アノードに負電圧が印加されている

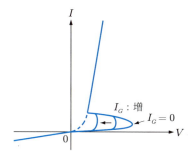

図 6.21 サイリスタの電流 − 電圧特性

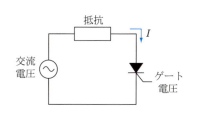
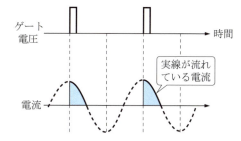

図 6.22 サイリスタの動作の様子

ときは常にオフ状態のままである．

このように，サイリスタの動作原理はバイポーラトランジスタに密接に関係している．しかしながら，スイッチの方法はまったく異なっている．

■ 例題 6.3

逆飽和電流の値が $I_{C01} = 1.2\,\mathrm{mA}$，および $I_{C02} = 0.8\,\mathrm{mA}$ である pnpn スイッチ素子がある．$\alpha_1 + \alpha_2 = 0.99$ および 0.99999 のときの順方向阻止特性について検討しなさい．

■ 解答

まず，$\alpha_1 + \alpha_2 = 0.99$ のときに流れる電流は，式 (6.34) より

$$I = \frac{I_{C01} + I_{C02}}{1 - (\alpha_1 + \alpha_2)} = \frac{1.2 + 0.8}{1 - 0.99} = 2.0 \times 10^2\ [\mathrm{mA}]$$

となり，二つの逆飽和電流の和の 100 倍であり，オフ状態になっている．

つぎに，$\alpha_1 + \alpha_2 = 0.99999$ のときに流れる電流は

$$I = \frac{I_{C01} + I_{C02}}{1 - (\alpha_1 + \alpha_2)} = \frac{1.2 + 0.8}{1 - 0.99999} = 2.0 \times 10^5\ [\mathrm{mA}]$$

100 | Chapter 6 バイポーラトランジスタ

となり，二つの逆飽和電流の 10 万倍である．したがって，$\alpha_1 + \alpha_2$ が 1 に近くほど電流が急激に増加してオン状態となることがわかる．

■ 演習問題

6.1 活性モードで動作しているベース接地 n^+pn バイポーラトランジスタの各電流成分を，図 6.4 に示した p^+np 型の場合と同様に描きなさい．そして，各電流成分の意味，および印加電圧の極性を説明しなさい．

6.2 $\alpha_0 = 0.9, 0.99, 0.999$ のときの β_0 の値をそれぞれ求めなさい．

6.3 キャリアがベース中性領域を通過する時間が $0.1\,\mu s$ であるとき，ベース接地遮断周波数，エミッタ接地遮断周波数およびトランジッション周波数を求めなさい．ただし，$\alpha_0 = 0.95$ であるとする．

Chapter 7

接合型電界効果トランジスタ

　この章では，ユニポーラトランジスタである電界効果トランジスタ（field effect transistor，以下 FET）の動作原理の理解を目的とする．　FET の動作原理は大きく二つに分けられるが，この章では接合型 FET（junction-FET，JFET）の動作原理を解説する．もう一つの MOSFET については，第 8，9 章で解説する．

7.1　FET の基本的な考え方

断面積 S，長さ L の直方体の抵抗素子の抵抗値 R は次式で与えられる．

$$R = \rho \frac{L}{S} = \frac{L}{qn\mu S} \tag{7.1}$$

ここに，ρ は比抵抗，μ はキャリアの移動度，n は電子密度である．μ は材料に固有の値であるため，R の値は L，S，n により変えることができる．FET ではある印加電圧により R の値をコントロールする方法として 2 通りの方法をとる．すなわち，S あるいは n の値を変える方法である．

1. 印加電圧により S が減少すれば R が大きくなり，流れる電流が減少する．
2. 印加電圧により n が増加すれば R が小さくなり，電流が増加する．このとき，n の増加には限界があるので，母体の比抵抗が大きいほど高い効率が期待できる．

1 の方法をとるものがこの章で解説する接合型 FET（JFET）である．2 の方法はよく知られている MOSFET の動作原理となっており，次章で解説する．

7.2　JFET の動作原理

図 7.1 に JFET の素子構造の断面図を示す．ソース（S），ドレイン（D），そしてゲート（G）の 3 端子構造になっている（図ではゲートが二つあるが，同じはたらきをするので一つと考える）．3 端子のそれぞれの役割は，ソースはキャリアを供給すること，ドレインは流れてきたキャリアを受け取ること，ゲートは電圧を印加することで素子の抵抗を変えることである．ソースとドレインの間にあるキャリアの通り道をチャネルとよ

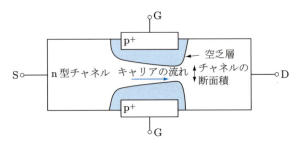

図 7.1　JFET の素子構造の断面図

ぶ．ソース端子は接地され，ドレイン端子にはドレイン電圧 V_D が印加されている．また，ゲート端子にもゲート電圧 V_G が印加されている．JFET の動作原理を以下に示す．

- キャリアはソースからドレインへ流れる．n 型チャネルであれば，電子がソースから供給されてドレインへ流れるように，ソースよりドレインの電位を高くしておく．
- ゲート端子には p 型半導体があり，n 型チャネルと pn 接合になっているため空乏層ができている．
- ゲート部の p 型半導体の不純物濃度を高くしておく（p^+ 型にする）．そのため，この pn 接合は片側階段接合となり，空乏層は不純物濃度の低い n 型チャネルのほうに広がっている．
- 空乏層は抵抗値が高いので，キャリアは空乏層には流れずチャネルの中を流れる．
- ゲートから逆方向バイアスを印加すれば，空乏層が広がりチャネルの断面積が狭くなる．すなわち，式 (7.1) より素子の抵抗値が増えるため，流れる電流が減少する．よって，ゲート電圧により素子の抵抗値が変わるので電流が制御できる．

JFET の動作原理がバイポーラトランジスタと異なる点を整理しておこう．

- 素子の中を流れるキャリアは 1 種類である．これがユニポーラとよばれる理由である．
- キャリア移動はソースとドレイン間の電位差であるから，ドリフト電流である．バイポーラトランジスタは拡散電流であった．
- ゲートは逆方向バイアスされた pn 接合であるから，きわめて微小な電流（逆飽和電流）しか流れない．これは，ゲートを入力端子としたとき，入力抵抗が高いために入力部での消費電力がほとんどないことを意味する．したがって，入力ベース端子を順方向バイアスにしているバイポーラトランジスタと比較すると，入力部の消費電力の点で断然優位である．

7.3 JFETの直流特性

図7.2にはゲート電圧を$V_G = 0$としたときの，ドレイン電圧V_Dに対する空乏層の変化を示している．なお，ソースとドレインの間のチャネルを流れる電流をドレイン電流I_Dとよぶ．

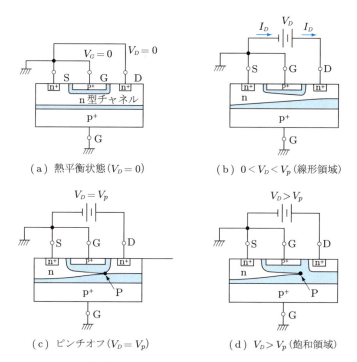

図7.2 各ドレイン電圧V_DにおけるJFETの断面図

■ $V_D = 0$のとき：図(a)

ソース－ドレイン間に電位差はなく，ドレイン電流も流れない熱平衡状態である．上下の空乏層の厚さは一定であるから，チャネルの断面積も一定である．

■ $V_D > 0$のとき：図(b)

電子がソースからドレインに向かって流れる．I_Dの向きは電流の流れとは逆で，ドレインからソースへ向かう方向である．このとき，JFETの動作原理を理解するためには，$V_D > 0$の印加とI_Dの流れによって空乏層が変形することを理解するのがとても重要である．以下に整理しておこう．

- ソースは接地され，なおかつ$V_D > 0$が印加されているためにチャネル内部の電位はプラスになっている．

- I_D の流れによりチャネル内に電圧降下が生じ，チャネル内部の電位はソース側は 0 V であり，ドレイン側のほうが高くなる．
- n 型チャネルはゲート電極の p 型半導体と pn 接合を形成しているので，n 型チャネル内部の正の電位は pn 接合にとって逆方向バイアスとしてはたらく．
- そのため，空乏層はドレイン側のほうが広くなる．

ドレイン電圧 V_D をさらに大きくすると，I_D も増加するが，チャネルの断面積もますます小さくなっていく．

■**ピンチオフ状態**：図 (c)

V_D がさらに大きくなると，ドレイン寄りの位置（点 P）でチャネルが閉じる現象が生じる．これを**ピンチオフ**とよび，このときのドレイン電圧を**ピンチオフ電圧** V_p とよび，この点 P の位置を**ピンチオフ点**とよぶ．チャネルは閉じるがドレイン電流が流れなくなるわけではなく，抵抗値の高い閉じた空乏層を突き抜けて電子は移動する．

■$V_D > V_p$ **のとき**：図 (d)

ドレイン電圧を V_p 以上に大きくすると，空乏層の閉じた領域がソース側に広がっていく．すなわち，ピンチオフ点 P がソース側に移動していく．ソース-ドレイン間は抵抗値の小さいチャネルと抵抗値の大きい空乏層に二分され，この二つの抵抗の直列回路と同じである．したがって，V_D の増加分はすべて空乏層に印加される．そのため，ドレイン電流は増加せず飽和状態となる．

V_D によるドレイン電流の変化を図 7.3 に示す．この I_D-V_D 特性を，**ドレイン特性**という．図 7.3 に示したドレイン特性において，V_D の増加により I_D も増加している電圧

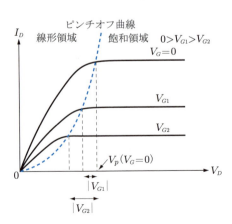

図 7.3　JFET の直流ドレイン特性

範囲 ($V_D < V_p$) を線形領域とよび, I_D が一定値で飽和している電圧範囲 ($V_D > V_p$) を飽和領域とよぶ.

ここで, ゲート電圧の影響を考えてみよう. 負の値のゲート電圧 $V_G(<0)$ が pn 接合の p 型に印加されれば, それは pn 接合の逆方向バイアスとしてはたらく. すなわち, 負のゲート電圧により空乏層が広がるので, $V_G = 0$ でのピンチオフ電圧より $|V_G|$ だけ低いドレイン電圧においてピンチオフが生じることになる. ピンチオフ電圧の V_G 依存性を示すのが, 図のピンチオフ曲線である.

7.4 JFET の直流ドレイン特性の計算

JFET の直流ドレイン特性を計算するために, 図 7.4 に示すモデルを用いる. 横軸 (チャネルの長さ方向) を x, 縦軸を y とし, チャネルの左端を $x = 0$ とする. また, チャネル長を L, 二つの p 型半導体の間の距離を $2a$, 位置 x における二つの空乏層の厚さをそれぞれ $W(x)$ とする. ソース電圧 $V_S = 0$ とし, 位置 x, y におけるチャネル内部の電位を $V(x, y)$ とする. このモデルでは解析を容易にするために, 二つの p$^+$ 型半導体の幅が十分狭く, $L \gg 2a$ とする. この仮定によって, チャネル内部の電位 $V(x, y)$ は y にほとんど依存せず, 一次元的に $V(x)$ で近似できる. すなわち, $V_G = 0$ であればソース–ドレイン間の電位差のみで決まり, その電位分布が均一 (一定) であれば $V(x) = (V_D/L)x$ となる.

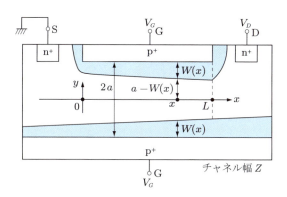

図 7.4 JFET のドレイン特性を計算するためのチャネル部モデル

7.4.1 ■ 線形領域のドレイン特性

ドレイン特性の計算にはチャネル内の空乏層幅の変化が重要である. それはチャネル内電圧 $V(x)$ とゲート電圧 V_G に依存する.

106 | Chapter 7　接合型電界効果トランジスタ

p^+n 片側階段接合（$N_A \gg N_D$）の p^+ 側にバイアス電圧 V が印加されたときの空乏層の幅は，式 (4.29) の V_{bi} を $V_{bi} - V$ に置き換えて次式で与えられる．

$$W(x) = \sqrt{\frac{2\varepsilon_s(V_{bi} - V)}{qN_D}} \tag{7.2}$$

JFET の p^+n 片側階段接合にはゲート電圧 V_G とチャネル内電圧 $V(x)$ が印加されている．V_G は p^+ 側に印加されるのでそのままでよいが，$V(x)$ は n 側に印加されるので極性を逆向きに考えなければならない．したがって，式 (7.2) において V を $-V(x) + V_G$ に置き換えれば，位置 x の空乏層幅は

$$W(x) = \sqrt{\frac{2\varepsilon_s(V(x) + V_{bi} - V_G)}{qN_D}} \tag{7.3}$$

となる．ここからすぐにチャネル内部のドレイン電流を求めることができる．まず，チャネル内部の電子密度を N_D とする．そして x 方向の電界を $\mathcal{E}_x$，チャネル幅（紙面に垂直方向）を Z とすれば位置 x のチャネルの断面積は $2\{a - W(x)\}Z$ となるので，ドレイン電流 I_D は次式で与えられる．

$$\begin{aligned} I_D &= -2q\mu_n N_D(a - W(x))Z\mathcal{E}_x \\ &= 2q\mu_n N_D(a - W(x))Z\frac{dV(x)}{dx} \end{aligned} \tag{7.4}$$

電流の連続性（I_D がチャネル内部のどこでも一定となること）を考慮して上式を積分する．左辺に定数をすべて移動させて積分を行う．

$$\int_0^L \frac{I_D}{2q\mu_n N_D Z}dx = \int_0^{V_D}\left\{a - \sqrt{\frac{2\varepsilon_s(V(x) + V_{bi} - V_G)}{qN_D}}\right\}dV \tag{7.5}$$

これより，ドレイン電流は次式で求められる．

$$I_D = g_{m0}\left[V_D - \frac{2}{3}\left(\frac{2\varepsilon_s}{qN_D a^2}\right)^{1/2}\{(V_D + V_{bi} - V_G)^{3/2} - (V_{bi} - V_G)^{3/2}\}\right] \tag{7.6}$$

この式は線形領域のドレイン特性を示している．ここに，g_{m0} は

$$g_{m0} = q\mu_n N_D\frac{2aZ}{L} \tag{7.7}$$

であり，この式は空乏層がまったくないときのチャネルのコンダクタンスを示している．

つぎに，V_G 一定でピンチオフが起こる条件を求めてみよう．ピンチオフはチャネル

の右端 $x = L$ でチャネルが閉じるのであるから，$W(L) = a$ となるときである．よっ
て，式 (7.3) を 2 乗して左辺を a^2，右辺の $V(x)$ を V_p とすれば，ピンチオフ電圧 V_p は

$$V_p = \frac{qa^2 N_D}{2\varepsilon_s} - V_{bi} + V_G \tag{7.8}$$

と求められる．この式は前述したように，負のゲート電圧 V_G を与えたとき，ピンチオ
フ電圧が $|V_G|$ だけ下がることを示しており，図 7.3 のピンチオフ曲線と一致する．

7.4.2 ■ 飽和領域のドレイン特性

ドレイン電圧がピンチオフ電圧を超える $V_D > V_p$ では，V_p を超える V_D はチャネル
を閉じている空乏層内の電圧降下になるだけであり，ドレイン電流はピンチオフ時の
電流値に一定となる．式 (7.6) の右辺の V_D を V_p とし，式 (7.8) を代入すれば，飽和
電流 I_{Dsat} は次式で与えられる．

$$I_{Dsat} = \frac{1}{3} g_{m0} V_{p0} \left\{ 1 - \frac{3(V_{bi} - V_G)}{V_{p0}} + 2 \left(\frac{V_{bi} - V_G}{V_{p0}} \right)^{3/2} \right\} \tag{7.9}$$

ここに

$$V_{p0} = \frac{qa^2 N_D}{2\varepsilon_s} \tag{7.10}$$

である．式 (7.9) はゲート電圧により飽和電流が制御できることを示しており，負の
ゲート電圧が大きくなると飽和電流が減少することがわかる．

■ 例題 7.1

シリコン n 型チャネルの JFET の V_{p0}，V_p，飽和電流 I_{Dsat} を求めなさい．ただ
し，V_G が 0 V と -0.4 V の両方の場合について計算し，計算にはつぎの物性値を用
いること．$a = 2 \times 10^{-4}\,\mathrm{cm}$，$N_D = 10^{15}\,\mathrm{cm}^{-3}$，$g_{m0} = 1.5 \times 10^{-3}\,\mathrm{S}$，比誘電率
11.8，$V_{bi} = 0.8\,\mathrm{V}$

■ 解答

式 (7.10) より，V_{p0} の値は V_G に依存しないので

$$V_{p0} = \frac{qa^2 N_D}{2\varepsilon_s} = \frac{1.602 \times 10^{-19} \times (2 \times 10^{-4})^2 \times 10^{15}}{2 \times 11.8 \times 8.854 \times 10^{-14}} = 3.07\,[\mathrm{V}]$$

である．
つぎに，ピンチオフ電圧は式 (7.8) より，$V_G = 0\,\mathrm{V}$ のときは

$$V_p = \frac{qa^2 N_D}{2\varepsilon_s} - V_{bi} + V_G = 3.07 - 0.8 + 0 = 2.27 \text{ [V]}$$

となり，$V_G = -0.4\,\text{V}$ のときは，1.87 V である．

飽和電流は式 (7.9) より，$V_G = 0\,\text{V}$ のときは

$$I_{Dsat} = \frac{1}{3} g_{m0} V_{p0} \left\{ 1 - \frac{3(V_{bi} - V_G)}{V_{p0}} + 2 \left(\frac{V_{bi} - V_G}{V_{p0}} \right)^{3/2} \right\}$$

$$= \frac{1}{3} \times 1.5 \times 10^{-3} \times 3.07 \left\{ 1 - \frac{3 \times (0.8 - 0)}{3.07} + 2 \left(\frac{0.8 - 0}{3.07} \right)^{3/2} \right\}$$

$$= 0.743 \times 10^{-3} \text{ [A]} = 0.743 \text{ [mA]}$$

となる．一方，$V_G = -0.4\,\text{V}$ のときは

$$I_{Dsat} = \frac{1}{3} \times 1.5 \times 10^{-3} \times 3.07 \left\{ 1 - \frac{3 \times (0.8 + 0.4)}{3.07} + 2 \left(\frac{0.8 + 0.4}{3.07} \right)^{3/2} \right\}$$

$$= 0.485 \times 10^{-3} \text{ [A]} = 0.485 \text{ [mA]}$$

となる．負のゲート電圧を印加することにより飽和電流は減少しており，図 7.3 に示した傾向と一致している．

7.5 小信号等価回路

図 7.5 に JFET の回路記号を示す．図 (a), (c) はゲートとチャネル間の pn 接合を矢印で表し，図 (b), (d) はゲートとソース間の pn 接合を矢印で表している．

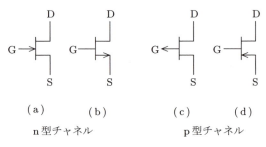

(a)　　(b)　　　　(c)　　(d)

n 型チャネル　　　　p 型チャネル

図 7.5　JFET の回路記号

図 7.6(a) にソース接地の JFET 回路を示す．n 型チャネルであり，ゲートには信号 v_G が入力される．ゲート–ソース間に直流逆方向バイアス V_G を印加しており，入力抵抗が非常に大きく，ゲート入力部に直流電流はほとんど流れない．また，飽和領域で動作させるため，回路電流はゲート電圧のみで決まる．出力電圧（R の逆起電力）

7.5 小信号等価回路

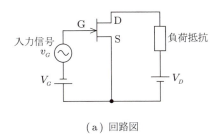
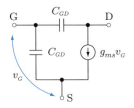

（a）回路図　　　　　　　　　（b）飽和領域における小信号等価
　　　　　　　　　　　　　　　　　回路図（交流のみ表示）

図 7.6　ソース接地 JFET とその小信号等価回路

もゲート電圧のみ決まる．図 (b) にその小信号等価回路を示す．ここに，C_{GS} および C_{GD} はゲートと他の 2 端子間の等価静電容量であり，g_{ms} は次式で与えられる飽和領域の相互コンダクタンスである．

$$g_{ms} = \frac{dI_{D\text{sat}}}{dV_G} = g_{m0}\left\{1 - \left(\frac{V_{bi} - V_G}{V_{p0}}\right)^{1/2}\right\} \tag{7.11}$$

ここで $C_G = C_{GS} + C_{GD}$ とおくと，トランジッション周波数 f_T は入力および出力信号の振幅が等しくなるときであるから，f_T は次式で与えられる．

$$2\pi f_T C_G v_g = g_{ms} v_G \quad \therefore f_T = \frac{g_{ms}}{2\pi C_G} \tag{7.12}$$

よって，トランジッション周波数は g_{ms} の最大値 g_{m0} と C_G の最小値 $C_{\min}$ から見積もることができる．$C_{\min}$ はピンチオフ状態における空乏層の平均の厚さ $a/2$ を電極板の間隔とし，面積を ZL として次式で与えられる．

$$C_{\min} = \frac{2\varepsilon_s ZL}{a} \tag{7.13}$$

よって，$g_{ms} < g_{m0}$ かつ $C_G > C_{\min}$ より次式が得られる．

$$f_T < \frac{g_{m0}}{2\pi C_{\min}} = \frac{qa^2\mu_n N_D}{4\pi\varepsilon_s L^2} \tag{7.14}$$

したがって，トランジッション周波数を高めるには高移動度材料（μ_n が大）を用いてチャネル長 L を短くすればよいことがわかる．これは当然の結果であり，高移動度材料を用いてチャネル長を短くすればキャリアの移動時間が短縮され，その結果，FET の動作速度が改善されることになる．

110 | Chapter 7 接合型電界効果トランジスタ

■ 演習問題

7.1 JFET において，チャネルが p 型のとき，キャリアの流れ，ドレイン電流の向き，印加電圧の極性がどうなるか検討して図示しなさい．ただし，ソースは接地しているものとする．

7.2 線形領域のチャネルコンダクタンス g_D と相互コンダクタンス g_m を求めなさい．

7.3 n 型チャネル JFET において，$V_G = 0\,\mathrm{V}$ のとき，$V_{bi}, V_{p0}, V_p, g_{m0}, I_{Dsat}, f_T$ の各値を求めなさい．ただし，計算にはつぎの値を用いること．

$T = 300\,\mathrm{K}$，比誘電率 11.8，$N_A = 5 \times 10^{18}\,\mathrm{cm}^{-3}$，$N_D = 5 \times 10^{15}\,\mathrm{cm}^{-3}$，$n_i = 1.45 \times 10^{10}\,\mathrm{cm}^{-3}$，$\mu_n = 1500\,\mathrm{cm}^2/\mathrm{V{\cdot}s}$，$a = 2 \times 10^{-4}\,\mathrm{cm}$，$Z = 1.5 \times 10^{-1}\,\mathrm{cm}$，$L = 0.01\,\mathrm{cm}$．

7.4 JFET のドレイン電流は素子の温度上昇によりどのように変化するか．また，バイポーラトランジスタの場合と比較して説明しなさい．

7.5 多数のトランジスタを並列に使用する場合，各トランジスタの特性が一致していないと回路全体の動作に悪影響を及ぼすことがある．1 個のトランジスタの温度上昇がほかのトランジスタに分配される電流値をどのように変え，また回路全体の安定性にどのように影響するか，演習問題 7.4 の結果を踏まえて FET とバイポーラトランジスタを比較して検討しなさい．

Chapter 8

MOS ダイオード

　FET の動作原理には二つのタイプがあることはすでに説明した．前章で学んだ接合型 FET は，ゲート電圧を制御信号として空乏層の幅を変えることにより，チャネルの断面積が変化して素子の抵抗値を制御する方法である．この章ではもう一つの動作原理である，ゲート電圧によりチャネルのキャリア密度を変化させて素子の抵抗値を制御する方法を説明する．この動作原理を採用している代表的な素子が **MOSFET** である．この動作原理の理解には，ゲート電圧による素子内部の電界と電位分布の変化（同時に，エネルギーバンドの変化）がチャネルのキャリア密度に及ぼす影響を学ぶことが必須である．したがって，はじめにトランジスタの構造中のソース電圧とドレイン電圧の影響を考えずに，ゲート電圧のみを考慮した MOS ダイオード構造を考えることにする．

8.1 MOS ダイオードの熱平衡状態におけるエネルギーバンド構造

　図 8.1 に MOS ダイオードの概略図を示す．MOS とは metal（ゲートの電極金属），oxide（酸化物），そして semiconductor（半導体）の略である．ゲート電極から電流を流す必要がないので，酸化膜を絶縁膜として用いている．シリコンは熱処理により表面に酸化膜（SiO_2）を容易に形成できるので，この MOS 構造が採用される．したがって，MOSFET という名称がよく知られるようになったが，熱処理による酸化膜の形成が難しい半導体では，ほかの方法で電極と半導体の間に絶縁膜を形成する．この場合は MISFET とよばれる．ここに，I は insulator（絶縁体）の略である．

　MOS ダイオードの特徴として

1. チャネルは酸化膜近傍の半導体中に形成される．

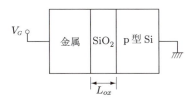

図 8.1　MOS ダイオードの概略図

2. n型チャネルを形成するとき，母体となる半導体にはp型を用いる．逆に，p型チャネルを形成する場合にはn型半導体を用いる．
3. ゲート電極からキャリア注入はせずに，あくまでチャネル近傍の電界によりチャネルのキャリア密度を制御する．

2番目の理由は，キャリア密度の変化を大きくするためである．母体がn型半導体であると，n型チャネルの電子密度を制御しても実用的な電気伝導度の変化は得られない．

熱平衡状態のMOSダイオードのエネルギーバンド構造を図8.2に示す．ここに，$q\chi_s$ および $q\chi_{ox}$ は半導体および酸化膜の電子親和力であり，$q\phi_m$ および $q\phi_s$ は電極金属および半導体の仕事関数である．また，E_{fm} および E_{fs} は電極金属および半導体のフェルミ準位である．それぞれの位置は真空準位を基準に定まる．p型半導体であるから，E_{fs} は伝導帯の頂上 E_V 付近に位置している．

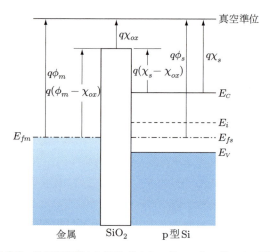

図 8.2 熱平衡状態の MOS ダイオードのエネルギーバンド図

ここで注意すべきは，$q\phi_m$ と $q\phi_s$ の値を同じと仮定している点である．電極金属と半導体であるから仕事関数の値も異なるはずだが，計算を簡単にするための理想的な仮定である．$q\phi_m$ と $q\phi_s$ の値を等しいと仮定して，なおかつ熱平衡状態において全領域のフェルミ準位の値は等しくなることが必須であるから，E_{fm} と E_{fs} の位置は同じ高さにあり，エネルギーバンドは全領域で曲がる場所は存在しない．すなわち，素子内部に電界は発生していない．

温度 T における熱エネルギー kT に比べて酸化膜のエネルギー障壁の高さ $q(\chi_s-\chi_{ox})$

が十分大きければ，熱エネルギーではキャリアが障壁を超えて移動することはできない．また，酸化膜が十分厚ければトンネル効果も生じない．したがって，p 型半導体はいかなる場合でも（印加電圧の有無にかかわらず），常に熱平衡状態が保たれる．

8.2　ゲート電圧によるエネルギーバンドおよびキャリア密度の変化

MOS ダイオードではゲート電圧 V_G を印加しても電流は流れないが，酸化膜近傍のエネルギーバンドに曲がりが生じる．この現象を考えてみよう．まず，p 型半導体での電子密度 n および正孔密度 p は次式で与えられることを思い出そう（式 (2.24)，(2.25) の再掲）．

$$n = n_i \exp\left(\frac{E_f - E_i}{kT}\right) \tag{8.1}$$

$$p = n_i \exp\left(\frac{E_i - E_f}{kT}\right) \tag{8.2}$$

上式は，電子密度と正孔密度がフェルミ準位 E_f と真性フェルミ準位 E_i の差で定まることを示している．しかも指数関数の内部の符号が逆なので，一方が増えれば他方が減ることを意味する．たとえば，$E_f - E_i$ の値が増加すれば n が増えて p が減る．

このとき，ゲート電圧により伝導帯と価電子帯が曲げられるが，両者の中間に位置する真性フェルミ準位 E_i も一緒に曲げられることになる．一方，熱平衡状態が維持されるのであるから，フェルミ準位 E_f はゲート電圧の影響を受けない．よって，ゲート電圧により E_i だけが変化して E_f は変化しないのであるから，上 2 式より電子密度と正孔密度がゲート電圧で制御できることがわかる．

ゲート電圧によるチャネルのキャリア密度の変化は，大きく 3 種類に分けられる．蓄積，空乏，そして反転とよばれる現象である．母体となる p 型半導体に n 型チャネルを形成するのには反転状態を利用するが，その前に蓄積と空乏の理解が必要である．

8.2.1 ■ 蓄積：金属側を負（$V_G < 0$）にした場合

pn 接合の電流 - 電圧特性の考察において，負バイアス側のエネルギーバンドが上向きに移動したことを思い出そう．したがって，MOS ダイオードはつぎのような状態になる．このときの様子を図 8.3(a) に示す．

- 金属側のエネルギーバンドが上がる（$+qV_G$）.
- p 型の多数キャリア（正孔）は電界により酸化膜へ引き寄せられるが，酸化膜を超えられないので酸化膜と半導体の界面に蓄積され，正の表面電荷密度 Q_s を形成する．

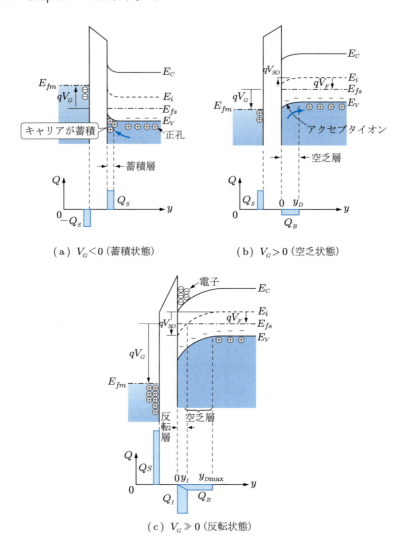

図 8.3 ゲート電圧印加による MOS ダイオードのエネルギーバンド図とキャリア分布の様子

- 正孔の蓄積は電気的中性を破り，そこから出る電束は金属の負電荷で終わるから，半導体表面の電界の向きはどこでも金属のほうを向く．
- このため，半導体表面の電位は半導体内部より低くなる．つまり，電子に対するポテンシャルエネルギーは高くなる．逆に，正孔に対するポテンシャルエネルギーは低くなるため，酸化膜近傍に E_V の窪みが生じて正孔が蓄積される場所となる．
- エネルギーバンドの曲がりにより酸化膜近傍の E_i は上に曲がるが，熱平衡状態のため E_{fs} は一定．すなわち，$E_i - E_{fs}$ が大きくなっている．これは，式 (8.2)

より正孔密度 p が増加することと一致している.

正孔蓄積による電気伝導度の変化量は母体となる p 型半導体の電気伝導度と比べて大きくないので,蓄積状態は FET としては使用されない.

8.2.2 ■ 空乏:金属側に小さな正の電圧($V_G > 0$)を印加した場合

今度は金属側に正の電圧を印加した場合を考えよう.その電圧が小さいとき,

- 図 (b) に示すように,金属側のエネルギーバンドが下がる.
- 酸化膜近傍の正孔は電界により右方向へ移動するので,空乏層ができる.
- 残されたアクセプタがイオン化し,負の空間電荷を形成する.
- 金属電極には正の表面電荷が誘起される.

このように,酸化膜近傍に空乏層ができることから,この現象は空乏とよばれる.

ポアソン方程式を用いて空乏層の電位分布を計算してみよう.空乏層の右端を $y = y_D$ とすると,アクセプタイオンの電荷 Q_B は,

$$Q_B = -qN_Ay_D \tag{8.3}$$

であり,半導体中の位置 y における電位 V_S と電界 $\mathcal{E}_S$ にはつぎのポアソン方程式の関係が成り立つ.

$$\frac{d^2V_S}{dy^2} = -\frac{d\mathcal{E}_S}{dy} = \frac{qN_A}{\varepsilon_s} \tag{8.4}$$

このとき,境界条件として $y = y_D$ で電位 V_S と電界 $\mathcal{E}_S$ がともにゼロであることを用いれば,

$$\mathcal{E}_S = \frac{qN_A}{\varepsilon_s}(y_D - y) \tag{8.5}$$

$$V_S = V_{SO}\left(1 - \frac{y}{y_D}\right)^2 \tag{8.6}$$

が得られる.ここに,V_{SO} は半導体表面 $y = 0$ での電位であり,次式で与えられる.

$$V_{SO} = V_S(0) = \frac{qN_Ay_D^2}{2\varepsilon_s} \tag{8.7}$$

一方,酸化膜中には空間電荷は存在しないので,この領域の電界 $\mathcal{E}_{ox}$ および電位 V_{ox} にはつぎのポアソン方程式が成り立つ.

$$\frac{d^2V_{ox}}{dy^2} = -\frac{d\mathcal{E}_{ox}}{dy} = 0 \tag{8.8}$$

境界条件は，金属中の正の表面電荷 $Q_S(=-Q_B)$ から $\mathcal{E}_{ox}$ が決まり，$y=0$ で電位は連続であるから，$V_{ox}=V_{SO}$ より

$$\mathcal{E}_{ox} = \frac{Q_S}{\varepsilon_{ox}} \tag{8.9}$$

$$V_{ox} = V_{SO} - \frac{Q_S}{\varepsilon_{ox}} y \tag{8.10}$$

と求められる．ここに，ε_{ox} は酸化膜の誘電率である．また，空乏層幅は式 (8.7) より，次式で与えられる．

$$y_D = \sqrt{\frac{2\varepsilon_s V_{SO}}{qN_A}} \tag{8.11}$$

このとき酸化膜の厚さを L_{ox} とすると，MOS ダイオードに印加したゲート電圧 V_G は

$$V_G = V_{ox}(-L_{ox}) = V_{SO} + \frac{Q_S}{\varepsilon_{ox}} L_{ox} = V_{SO} + \frac{Q_S}{C_{ox}} \tag{8.12}$$

で与えられる．ここに，$C_{ox}=\varepsilon_{ox}/L_{ox}$ は単位面積あたりの酸化膜の静電容量である．図 8.4 に空乏層と酸化膜中の電界と電位分布を示す．

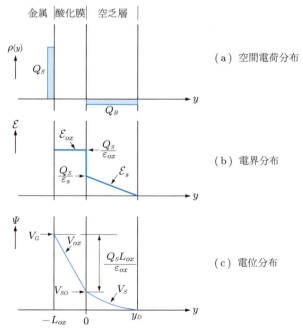

図 8.4　空乏状態における電界と電位分布

8.2 ゲート電圧によるエネルギーバンドおよびキャリア密度の変化 | 117

　半導体と酸化膜の界面 $y = 0$ での電子密度と正孔密度を求めてみよう. まず準備として, 図 8.3(b) において, 空乏層の外の半導体で $qV_F = E_i - E_{fs}$ とおく. 正孔密度を $p = N_A$ とすれば, 式 (8.2) より

$$N_A = n_i \exp\left(\frac{qV_F}{kT}\right) \tag{8.13}$$

$$V_F = \frac{kT}{q} \ln \frac{N_A}{n_i} \tag{8.14}$$

が得られる. しかし, 空乏層の中では電位が $V_S(y)$ だけ高くなっているため, エネルギーバンドは $qV_S(y)$ だけ下に曲がる. それとともに, 真性フェルミ準位 E_i も同じ曲がりになるので

$$E_i(y) = E_i - qV_S(y) \tag{8.15}$$

となる. したがって, 位置 y での電子密度 $n(y)$ は式 (8.1) の E_i を式 (8.15) に代えて, $qV_F = E_i - E_{fs}$ (この E_i は $y > y_D$ の一定値) を代入すれば

$$n(y) = n_i \exp\left(\frac{E_f - E_i(y)}{kT}\right) = n_i \exp\left\{\frac{q(V_S(y) - V_F)}{kT}\right\} \tag{8.16}$$

と求められる. 同様に, 正孔密度 $p(y)$ は次式で定まる.

$$p(y) = n_i \exp\left\{\frac{q(V_F - V_S(y))}{kT}\right\} \tag{8.17}$$

　このとき, 半導体と酸化膜の界面での電子密度 n_s および正孔密度 p_s は, 上式において $V_S(0) = V_{SO}$ であるから

$$n_s = n_i \exp\left\{\frac{q(V_{SO} - V_F)}{kT}\right\} \tag{8.18}$$

$$p_s = n_i \exp\left\{\frac{q(V_F - V_{SO})}{kT}\right\} \tag{8.19}$$

となる.

　ここで, 印加電圧 V_G を増していくとどうなるか考えてみよう. V_G の増加により, 式 (8.12) より V_{SO} も増加する. また, 式 (8.18), (8.19) から, $V_{SO} = V_F$ となる印加電圧において $n_s = p_s = n_i$ となることがわかる. すなわち, 半導体と酸化膜の界面は真性半導体と同じキャリア密度になる. このときの印加電圧を V_G' とすれば, $0 < V_G < V_G'$ の範囲が空乏状態である.

118 | Chapter 8 MOS ダイオード

8.2.3 ■ 反転：大きな正の電圧を印加した場合 ($V_G > V_G'$)

ここまでの説明から，印加電圧 V_G をさらに大きくすると $V_{SO} > V_F$ となり，酸化膜近傍の半導体では電子密度と正孔密度が逆転して n 型半導体になることが容易に理解できる．印加電圧をさらに大きくしたときのエネルギーバンド図を図 8.3(c) に示す．E_i と E_{fs} が交差する $y = y_I$ の左側では $E_i < E_{fs}$ となるので電子密度は $n_s > n_i > p_s$ となり，本来の p 型から n 型に反転した状態となる．このときの $0 < y < y_I$ の領域を反転層とよぶ．この反転状態も，弱い反転と強い反転に分けられる．弱い反転とは $2V_F > V_{SO} > V_F$ の範囲であり，n_s の値は小さい．

では，印加電圧が増加して $V_{SO} = 2V_F$ のとき電子密度の値はどうなるであろうか．式 (8.18) より

$$n_s = n_i \exp\left\{ \frac{q(2V_F - V_F)}{kT} \right\} = n_i \exp\left(\frac{q}{kT} \frac{kT}{q} \ln \frac{N_A}{n_i} \right) = N_A \quad (8.20)$$

となる．すなわち，n_s は p 型半導体の多数キャリア密度 N_A と同じ値となる．印加電圧がさらに増加すると $n_s > N_A$ となる．$n_s \geq N_A$ となる範囲を強い反転とよぶ．MOSFET は，強い反転となったこの電子密度 n_s をチャネルとして用いる．

8.2.4 ■ 半導体表面電位 V_{SO} と誘導電荷の関係：しきい値電圧

半導体表面電位 V_{SO} の変化に対して反転層の電子による電荷はどのように変化するか考えよう．図 8.3(c) に示している，金属電極に誘起される正の電荷 Q_S，空乏層中のアクセプタイオンの電荷 Q_B，および反転層の電子による電荷 Q_I にはつぎの関係が成り立つ．

$$Q_S = -(Q_B + Q_I) \tag{8.21}$$

右辺は V_{SO} により変化する．弱い反転と強い反転に分けて考えよう．

■ 弱い反転の場合

ほとんど反転がないので $Q_I = 0$ である．また，アクセプタイオンによる電荷 Q_B は空乏層幅 y_D の式 (8.11) を用いて次式で与えられる．

$$Q_B = -qN_A y_D = -\sqrt{2\varepsilon_s q N_A V_{SO}} \tag{8.22}$$

つまり，空乏層幅の変化によって Q_B が変化する．

■ 強い反転の場合 ($V_{SO} > 2V_F$)

式 (8.18) より，V_{SO} のわずかな変化により反転層にたまった電子密度 n_s は指数関

数的に増加する．よって，Q_I が大きな値になり，半導体内の総電荷量の変化は Q_B ではなく Q_I で決まる．したがって，空乏層幅 y_D はほとんど変化しない．式 (8.11) において V_{SO} を $2V_F$ とすれば，空乏層幅の最大値 $y_{D\max}$ は

$$y_{D\max} = 2\sqrt{\frac{\varepsilon_s V_F}{qN_A}} \tag{8.23}$$

となる．V_{SO} の変化に対する半導体内の電荷量の変化を図 8.5 に示す．強い反転において Q_I が急激に増加する一方で，Q_B はほとんど変化しない．

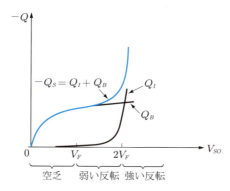

図 8.5　V_{SO} の変化に対する半導体内の電荷量の変化

8.2.5 ■ しきい値電圧 V_T

これまでは半導体表面電位 V_{SO} を用いて議論してきた．しかし，素子に直接印加しているのはゲート電圧 V_G である．とくに，反転が生じる臨界の印加電圧はしきい値電圧 V_T とよばれ重要な値である．ここでは，しきい値電圧 V_T の値を求めてみよう．

反転が始まるのは V_{SO} が V_F 以上のときである．しかし，図 8.5 に示すように，反転電荷 Q_I は指数関数的になめらかに変化するので，しきい値は明確に定まらない．そのため通常，半導体表面の電子密度が $n = N_A$ となる強い反転のとき，すなわち $V_{SO} = 2V_F$ をしきい値電圧を決める条件とする．このとき，酸化膜に加わっている電圧は $V_G - 2V_F$ である．よって，酸化膜の静電容量 C_{ox} を用いれば，金属電極に誘起される電荷 Q_S は次式で与えられる．

$$Q_S = C_{ox}(V_G - 2V_F) = -(Q_I + Q_B) \tag{8.24}$$

ここから Q_I を求めると

$$Q_I = -C_{ox}(V_G - 2V_F) - Q_B = -C_{ox}(V_G - V_T) \tag{8.25}$$

Chapter 8 MOS ダイオード

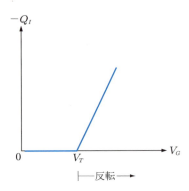

図 8.6 印加電圧 V_G に対する反転電子密度 Q_I の変化としきい値電圧 V_T

となり，図 8.6 に示すように，$-Q_I$ は傾き C_{ox} の直線である．直線が横軸と交わる V_T 以上の電圧を印加すれば反転電子による電荷が生じるのであるから，V_T は反転が生じるしきい値電圧である．V_T の値は式 (8.25) より次式で与えられる．

$$V_T = 2V_F - \frac{Q_B}{C_{ox}} = 2V_F + \frac{qN_A y_{D\max}}{C_{ox}} \tag{8.26}$$

■ 例題 8.1

ゲート電極/SiO_2/p 型シリコンの MOS ダイオードに強い反転が生じている．このとき，V_F, $y_{D\max}$, Q_B, C_{ox}, および V_T の値を求めなさい．ただし，計算にはシリコンの比誘電率を 11.8，酸化膜の比誘電率を 3.8，$L_{ox} = 50$ nm, $n_i = 1.45 \times 10^{10}$ cm^{-3} および $N_A = 10^{16}$ cm^{-3} を用いること．

■ 解答

式 (8.14), (8.23) より

$$V_F = \frac{kT}{q} \ln \frac{N_A}{n_i} = \frac{1.381 \times 10^{-23} \times 300}{1.602 \times 10^{-19}} \ln \frac{10^{16}}{1.45 \times 10^{10}}$$
$$= 0.347 \text{ [V]}$$
$$y_{D\max} = 2\sqrt{\frac{\varepsilon_s V_F}{qN_A}} = 2\sqrt{\frac{11.8 \times 8.854 \times 10^{-14} \times 0.347}{1.602 \times 10^{-19} \times 10^{16}}}$$
$$= 3.01 \times 10^{-5} \text{ [cm]} = 0.301 \text{ [μm]}$$

である．強い反転の Q_B を求めるためには，式 (8.22) で y_D を $y_{D\max}$ に代えて

$$Q_B = -qN_A y_{D\max} = -1.602 \times 10^{-19} \times 10^{16} \times 3.01 \times 10^{-5}$$
$$= -4.83 \times 10^{-8} \text{ [C/cm}^2\text{]}$$

となる. C_{ox} の値は

$$C_{ox} = \frac{\varepsilon_{ox}}{L_{ox}} = \frac{3.8 \times 8.854 \times 10^{-14}}{50 \times 10^{-7} \,[\mathrm{cm}]} = 0.673 \times 10^{-7} \,[\mathrm{F/cm^2}]$$

と求められる. よって, しきい値電圧 V_T は式 (8.26) より

$$V_T = 2V_F + \frac{qN_A y_{D\mathrm{max}}}{C_{ox}} = 2 \times 0.3469 + \frac{4.822 \times 10^{-8}}{0.673 \times 10^{-7}}$$

$$= 1.41 \,[\mathrm{V}]$$

となる.

8.3 小信号電圧に対する MOS ダイオードの静電容量

MOS ダイオードの静電容量は印加電圧 V_G の極性や大きさに依存する. ここでは, 蓄積, 強い反転, 弱い反転と分けて検討しよう.

■蓄積の場合 ($V_G < 0$)

酸化膜に接する半導体表面に正孔が蓄積しているのであるから, ほぼ導体に等しい. したがって, 静電容量は酸化膜部分のみの C_{ox} である.

■$V_G > 0$ で強い反転の場合

空乏層の厚さが印加電圧を増しても変化しないのであるから, 空乏層による静電容量は $C_S = \varepsilon_s / y_{D\mathrm{max}}$ である. 全体の静電容量は C_{ox} と C_S の直列に等しいので, 次式で与えられる.

$$C = \frac{C_{ox}C_S}{C_{ox} + C_S}(= C_{\mathrm{min}}) \tag{8.27}$$

■$V_G > 0$ で弱い反転の場合

空乏層の幅が印加電圧に依存するので, 静電容量の値も複雑になる. $Q_S = qN_A y_D$ より $y_D = Q_S / qN_A$ を $V_{SO} = qN_A y_D^2 / 2\varepsilon_s$ に代入して

$$V_{SO} = \frac{Q_S^2}{2\varepsilon_s qN_A} \tag{8.28}$$

となるので, 印加電圧 V_G は式 (8.12) より,

$$V_G = V_{SO} + \frac{Q_S}{C_{ox}} = \frac{Q_S^2}{2\varepsilon_s qN_A} + \frac{Q_S}{C_{ox}} \tag{8.29}$$

である. これより

$$Q_S = \frac{\varepsilon_s q N_A}{C_{ox}} \left\{ \left(1 + \frac{2V_G C_{ox}^2}{\varepsilon_s q N_A}\right)^{1/2} - 1 \right\} \tag{8.30}$$

となる．よって，全体の静電容量は次式で与えられる．

$$C = \frac{dQ_S}{dV_G} = C_{ox} \left(1 + \frac{2V_G C_{ox}^2}{\varepsilon_s q N_A}\right)^{-1/2} \tag{8.31}$$

図 8.7 に高周波と低周波での静電容量の測定例を示す．高周波のときはほぼ理論値と一致している．しかし，低周波のときは理論値とかなり異なっている．この理由を考えてみよう．

低周波では，電圧の変化に対して反転層内の電子密度の変化が追従できる．とくに，強い反転のときは $Q_S = |Q_I| \gg |Q_B|$ なので，電荷は金属電極内の Q_S と反転電子による Q_I で決まる．よって，静電容量は酸化膜のみ C_{ox} で決まる．一方，高周波の場合は，反転層内のキャリアの生成・再結合時間より信号の変化のほうが速いので反転層が形成されず，$V_G > V_T$ でも $C = C_{\min}$ となる．

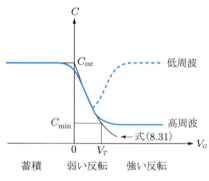

図 8.7 静電容量の理論値と測定値

C–V_G 特性を信号周波数を変えて実測すると，反転層内のキャリア密度の変化の時定数は約 0.1 秒となることが知られている．すなわち，この時間内であれば電荷を一時的に蓄えることができる．この現象は DRAM や電荷結合素子（CCD: charge-coupled device）などに応用されている．

8.4 フラットバンド電圧

これまでの議論では，$V_G = 0$ において素子内部に電界のない状態，すなわちエネルギーバンドに曲がりのないフラットバンドであると仮定していた（図 8.2）．しかし，実際の素子ではつぎの理由によりフラットバンドとはならない．

1. 実際の電極金属と半導体のフェルミ準位の値が異なるため ($E_{fm} \neq E_{fs}$), 電極金属の仕事関数 $q\phi_m$ と半導体の仕事関数 $q\phi_s$ の値も異なり, $q\phi_{ms} = q(\phi_m - \phi_s)$ の差がある (図 8.2 では $E_{fm} = E_{fs}$, すなわち $q\phi_m = q\phi_s$ としている).
2. 酸化膜中の空間電荷 Q_{ox} の存在, および半導体と酸化膜の間の界面準位 (異なる材料の界面に生じる欠陥などが原因) に捕獲される電荷 Q_{ss} の存在. 前者は酸化工程中にナトリウムイオンなどが混入することが原因である. 一方後者は, Si 原子 1 個に対して酸素原子 2 個が結合せずに正電荷のシリコンイオンになることが原因である. この陽イオンは n 型チャネルの形成を阻害している. このようなシリコンの未結合手は $10^{11}\,\mathrm{cm}^{-2}$ 程度存在していると言われている.

まず, 原因 1 の対処方法について説明する. 熱平衡状態ではフェルミ準位が全領域で一定となることは説明した. したがって, $q\phi_m < q\phi_s$ であるとき, 図 8.8(a) に示すようにエネルギーバンドに曲がりが生じる. これを図 (b) に示すフラットバンドにするためには

$$V_{FB} = \frac{\phi_m - \phi_s}{q} = \frac{E_{fs} - E_{fm}}{q} \tag{8.32}$$

に相当する電圧を印加すればよい. この V_{FB} を フラットバンド電圧 とよぶ.

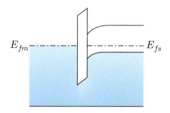
(a) 仕事関数の不一致により生じるエネルギーバンドの曲がり

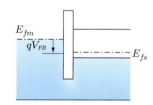
(b) V_{FB}を印加してフラットバンドに補正された状態

図 8.8　フラットバンド電圧

つぎに, 原因 2 の対処方法であるが, $Q_{ox} + Q_{ss}$ から発生しているすべての電束を金属電極で終わらせるように電極を印加すればよい. $Q_{ox} + Q_{ss}$ が正電荷であれば, フラットバンド電圧は次式で与えられる.

$$V_{FB} = -\frac{Q_{ox} + Q_{ss}}{C_{ox}} \tag{8.33}$$

両方の原因が存在するときは, それぞれのフラットバンド電圧の和を用いればよい. しきい値電圧は, フラットバンド電圧を考慮すると

124 | Chapter 8　MOS ダイオード

$$V_T = 2V_F - \frac{Q_B}{C_{ox}} + V_{FB} \tag{8.34}$$

となる．図 8.7 に示した $C - V_G$ 特性は，$Q_{ox} + Q_{ss}$ が正電荷であれば全体的に左にシフトする．この現象は，$C - V_G$ 特性から素子の内部電界の様子を推定できることを意味する．

■ 演習問題

8.1　Al/SiO$_2$/p 型シリコンの 3 層構造になっている n 型チャネル MOS ダイオードについて，$V_F, q\phi_{ms}, y_{Dmax}, Q_B, C_{ox}, V_{FB}, V_T$ の各値を求めなさい．ただし，計算にはつぎの値を用いること．

$N_A = 10^{16}$ cm^{-3}, $n_i = 1.45 \times 10^{10}$ cm^{-3}, シリコンの比誘電率 11.8, 酸化膜の比誘電率 3.8, $T = 300$ K, アルミニウムの仕事関数 4.25 eV, p 型シリコンの仕事関数 4.92 eV, $L_{ox} = 10^{-5}$ cm, $Q_{ox} + Q_{ss} = 10^{11}$ cm^{-2}

8.2　酸化膜中の正電荷密度分布が $\rho(y)$ であるとき，フラットバンド電圧が次式で示される理由を述べなさい．

$$V_{FB} = -\frac{q}{C_{ox}} \int_{-L_{ox}}^{0} \frac{\rho(y)}{L_{ox}} (L_{ox} + y) dy$$

Chapter 9
MOSFET

前章で，MOS ダイオードにおいて反転という効果で p 型半導体に n 型チャネルを形成できることを学んだ．この章では，反転によって生じたチャネルを利用するトランジスタの動作原理を学ぶ．このようなトランジスタは電界効果型であるから，MOSFET とよばれる．第 7 章で説明した接合型電界効果トランジスタ（JFET）の動作原理と同様に，チャネルのピンチオフによってドレイン電流の飽和が生じる．

9.1 MOSFET の直流特性

図 9.1 に MOSFET の断面図を示す．ゲート電圧 V_G をしきい値電圧以上の値にしているため，n 型チャネルが形成されている（図 (a)）．このチャネルの左端にソース端子，右端にドレイン端子が接続されている．ドレイン電圧 $V_D(>0)$ を印加すると，ドレイン電流が流れる．このため，チャネル内に電圧降下が生じてゲート電圧を打ち消すことになるので，チャネル内の反転電荷を減少させる．この反転電荷の減少はドレイン端子側のほうが大きく，そのため図 (b) に示すように，ドレイン側のチャネル幅のほうが狭くなる．ドレイン電圧を増加させていくと，あるところでドレイン側のチャネルがなくなってしまうピンチオフが生じる（図 (c)）．このドレイン電圧がピンチオフ電圧 V_p であり，これ以上ドレイン電圧を増加させてもピンチオフ点が左に移動するだけで，ドレイン電圧の増加は大きな抵抗値をもつ空乏層に印加されるため，ドレイン電流は増加せず飽和領域となる．

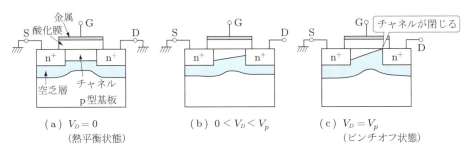

図 9.1 MOSFET の断面図

MOSFET の直流特性（ドレイン特性）を計算してみよう．計算に用いるモデルを図 9.2(a) に示す．解析を容易にするために，JFET と同様にチャネル長はチャネル幅より十分大きいと仮定して，ドレイン電圧の印加によって生じるチャネル内の電圧降下を $V(x)$ とする．このときチャネル内の反転電荷量 Q_I は，式 (8.25) より

$$Q_I(x) = -C_{ox}(V_G - V_T - V(x)) \tag{9.1}$$

となる．$V(x)$ の値はソース側よりドレイン側のほうが大きいので，Q_I の値はドレイン側のほうが小さくなる．ドレイン電流 I_D は電子のドリフトなので次式で与えられる．

$$I_D = -Z\mu_n Q_I \frac{dV(x)}{dx} \tag{9.2}$$

ここに，Z は紙面に垂直方向のチャネル幅である．式 (9.1) と式 (9.2) より次式が得られる．

$$I_D dx = Z\mu_n C_{ox}(V_G - V_T - V(x))dV(x) \tag{9.3}$$

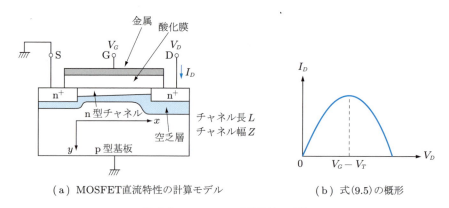

（a）MOSFET 直流特性の計算モデル　　　（b）式 (9.5) の概形

図 9.2　MOSFET 直流特性の計算

電流の連続性により，I_D はチャネルの位置によらず一定値である．よって，次式が得られる．

$$\int_0^L I_D\, dx = \int_0^{V_D} Z\mu_n C_{ox}(V_G - V_T - V(x))dV(x) \tag{9.4}$$

上式を積分すると，ドレイン電流 I_D として次式が得られる．

$$I_D = \frac{Z\mu_n C_{ox}}{L}\left\{(V_G - V_T)V_D - \frac{1}{2}V_D^2\right\}$$

$$= \frac{Z\mu_n C_{ox}}{L}\left[-\frac{1}{2}\{V_D-(V_G-V_T)\}^2+\frac{1}{2}(V_G-V_T)^2\right] \tag{9.5}$$

式 (9.5) の I_D は，V_D を変数とする上に凸の 2 次関数であり，$V_D = V_G - V_T$ で最大値となることを意味している（図 (b)）．ここで，$V_D = V(L)$ であるから，$V_D = V_G - V_T$ のとき，式 (9.1) より $Q_I(L) = 0$ となり，チャネルの右端で反転電荷がなくなるピンチオフ電圧に等しい．したがって，図 (b) に示すように $V_D < V_G - V_T$ の電圧範囲は I_D が単調に増加する線形領域となり，これは式 (9.5) と矛盾しない．しかし，$V_D > V_G - V_T$ の電圧範囲では前述のように飽和領域になり，ドレイン電流は一定となるはずなので，式 (9.5) の結果は矛盾している．この原因はつぎのように説明できる．

式 (9.3) において電流の連続性を考慮すると，ピンチオフのためにチャネルのどこかで反転電荷がなくなり，$Q_I \to 0$ となれば $dV/dx \to \infty$ とならなければならない．したがって，式 (9.4) の積分は線形領域では成り立つが，チャネルがなくなった飽和領域では成り立たないのである．飽和電流の値 $I_{D\mathrm{sat}}$ は，式 (9.5) に $V_D = V_G - V_T (= V_p)$ を代入して次式で与えられる．

$$I_{D\mathrm{sat}} = \frac{Z\mu_n C_{ox}}{2L}(V_G-V_T)^2 = \frac{Z\mu_n C_{ox}}{2L}V_p^2 \tag{9.6}$$

MOSFET のドレイン特性の概略図を図 9.3 に示す．式 (9.6) よりゲート電圧 V_G が大きくなると，ピンチオフ電圧 V_p と飽和電流 $I_{D\mathrm{sat}}$ の値が大きくなることがわかる．ちなみに，図の破線はピンチオフ曲線であり，式 (9.6) そのものである．

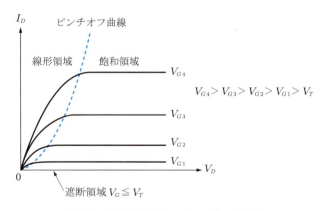

図 9.3　MOSFET ドレイン特性の概略図

例題 9.1

例題 8.1 の MOS ダイオードを用いて MOSFET を作製した．$V_G = 3, 5, 7\,\text{V}$ のときの飽和電流の値を求めなさい．ただし，$L = 2\,\mu\text{m}$, $Z = 10\,\mu\text{m}$, $\mu_n = 500\,\text{cm}^2/\text{V·s}$ である．

解答

例題 8.1 より，$C_{ox} = 0.673 \times 10^{-7}\,\text{F/cm}^2$, $V_T = 1.41\,\text{V}$ であるから，式 (9.6) より $V_G = 3\,\text{V}$ のときの飽和電流は

$$I_{D\text{sat}} = \frac{Z\mu_n C_{ox}}{2L}(V_G - V_T)^2 = \frac{10 \times 10^{-4} \times 500 \times 0.673 \times 10^{-7}}{2 \times 2 \times 10^{-4}} \times (3 - 1.41)^2$$
$$= 0.213 \times 10^{-3}\,[\text{A}] = 0.213\,[\text{mA}]$$

となる．ただし，長さの単位を cm で統一している．同様の計算を行い，$V_G = 5\,\text{V}$, および $7\,\text{V}$ のときの飽和電流はそれぞれ $1.08\,\text{mA}$, および $2.63\,\text{mA}$ となる．

9.2 小信号等価回路と周波数特性

前節では MOSFET の直流特性を学んだが，ここでは周波数特性を学ぶ．図 9.4 は飽和領域で使用している MOSFET の小信号等価回路である．ここに，C_{GS} および C_{GD} はそれぞれゲート–ソース間およびゲート–ドレイン間の静電容量である．また，g_{ms} は相互コンダクタンスであり，次式で与えられる．

$$g_{ms} = \frac{dI_{D\text{sat}}}{dV_G} = \frac{Z\mu_n C_{ox}}{L}(V_G - V_T) = \frac{Z\mu_n C_{ox}}{L}V_p \qquad (9.7)$$

ここで，トランジスタの増幅作用がなくなる周波数であるトランジッション周波数 f_T を求めてみよう．トランジッション周波数では，入力電流と出力電流の振幅が等しくなる．また，C_{GS} と C_{GD} が並列であるので，$C_G = C_{GS} + C_{GD}$ とすれば次式が成り立つ．

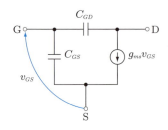

図 9.4　MOSFET の小信号等価回路

$$2\pi f_T C_G v_{GS} = g_{ms} v_{GS} \tag{9.8}$$

よって，トランジッション周波数は，式 (9.7) と $C_G = C_{ox} LZ$ を上式に代入して

$$f_T = \frac{g_{ms}}{2\pi C_G} = \frac{\mu_n V_p}{2\pi L^2} \tag{9.9}$$

となる．したがって，周波数特性を改善するためには，チャネル長 L を短くするか，移動度 μ_n の大きな材料を使用すればよいことがわかる．これは JFET と同じ結果である．ちなみに，MOSFET のチャネルの厚さは数 10 nm 程度であり，その片面は酸化膜に接しているため，界面でのキャリアの散乱が影響してしまう．そのため移動度はバルク中の値の半分程度になることが知られている．

■ 例題 9.2

例題 9.1 の MOSFET に $V_G = 5\,\mathrm{V}$ を印加したときの g_{ms} と f_T を求めなさい．

■ 解答

相互コンダクタンスは，式 (9.7) より

$$g_{ms} = \frac{Z\mu_n C_{ox}}{L}(V_G - V_T) = \frac{10 \times 10^{-4} \times 500 \times 0.673 \times 10^{-7}}{2 \times 2 \times 10^{-4}} \times (5 - 1.41)$$
$$= 0.302 \times 10^{-3}\ [\mathrm{S}]$$

となる．トランジッション周波数は，式 (9.9) より

$$f_T = \frac{g_{ms}}{2\pi C_G} = \frac{\mu_n V_p}{2\pi L^2} = \frac{500 \times (5 - 1.41)}{2\pi \times (2 \times 10^{-4})^2}$$
$$= 7.14 \times 10^9\ [\mathrm{Hz}] = 7.14\ [\mathrm{GHz}]$$

となる．

9.3 ゲート電圧依存性の制御

これまで説明してきた MOSFET は，ゲート電圧をしきい値電圧以上にしなければチャネルが生じない．スイッチング素子として使用するときは，オン状態とオフ状態の切り替えが必要となるが，$V_G = 0$ のときドレイン電流が流れないオフ状態となり，V_G がしきい値電圧を超えるとオン状態となる．このような MOSFET をエンハンスメント型（あるいはノーマリーオフ型）とよび，応用としては，上記のようにスイッチング素子がある．

一方，$V_G = 0$ においてもチャネルが形成されており，トランジスタとして動作する

MOSFET も存在する．これは，p 型半導体の表面にあらかじめ n 型半導体となるドナーを注入しておき，ドナーによる陽イオンにより V_T を下げることで，$V_G = 0$ であってもすでに n 型チャネルが形成されている素子である．このような MOSFET を**デプレッション型**（あるいは**ノーマリーオン型**）とよぶ．応用としては，飽和領域で用いる増幅素子，そして次章で説明する集積回路の負荷抵抗素子などがある．デプレッション型のドレイン特性の概略図を図 9.5 に示す．$V_G = 0$ でもチャネルが形成されているので，V_G が負の値でもドレイン電流が流れている．また，JFET は $V_G = 0$ でチャネルが形成されているので，デプレッション型である．

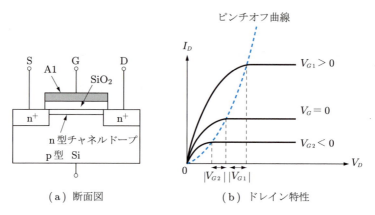

図 9.5　デプレッション型 MOSFET のドレイン特性

図 9.6 に n 型チャネルと p 型チャネル MOSFET の回路記号を示す．矢印はドレイン電流の向きを示している．p 型チャネルの場合，すべての電圧の極性とドレイン電流の向きは n 型チャネルと逆向きになる．すなわち，ゲート電圧とドレイン電圧は負の値になり，ドレイン電流はソースからドレインに向かって流れる．しかし，チャネル内のキャリアの流れの向きは n 型チャネルと p 型チャネルで同じであり，あくま

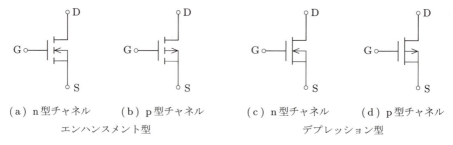

図 9.6　MOSFET の回路記号の例

でソースからドレインに流れている．p 型チャネルは正孔がソースから供給されてドレインへ向かって移動する．ドレイン電流の向きは正孔の移動する方向と同じである．

演習問題

9.1 飽和領域のチャネルコンダクタンス g_{Ds} と相互コンダクタンス g_{ms} を求めなさい．

9.2 ゲートとドレインを短絡した MOSFET のドレイン特性はどのようになるか検討しなさい．

9.3 $V_G = 5\,\mathrm{V}$ としたときの，$V_p, I_{D\max}, g_{ms}, f_T$ を求めなさい．ただし，計算には演習問題 8.1 で与えた値を用いること．

9.4 n 型チャネル MOSFET の線形領域におけるチャネルコンダクタンス g_D を求めなさい．また，この式において V_D が十分小さいとき，$g_D \approx 0$，すなわち飽和領域との境界付近において $V_G \approx V_T$ と見積もることができることを示しなさい．

9.5 エンハンスメント型 n 型チャネル MOSFET をスイッチング素子として用いる場合，オン状態におけるオン抵抗は演習問題 9.4 の g_D を用いて $1/g_D$ で表すことができる．その理由を説明しなさい．

Chapter 10

MOS集積回路

これまでは 1 個の MOSFET の動作について学んできた．しかし，MOSFET の応用でもっとも重要なものは，スイッチング素子の MOSFET を複数用いてつくる論理演算ゲートである．この章では，論理演算ゲートのもっとも簡単な例であるインバータ素子の動作について学ぶ．

10.1 インバータ回路

インバータ回路（あるいは NOT 回路）はデジタル信号を反転させる論理演算ゲートである．入力が "Low" であれば出力が "High" になる．これはバイポーラトランジスタのところ（6.7節）ですでに学んでおり，トランジスタ 1 個でつくるスイッチング素子の動作で実現できる．

10.1.1 ■ 1 個の MOSFET で構成するインバータ回路

図 10.1 に，MOSFET1 個を用いたインバータ回路を示す．バイポーラトランジスタを用いるスイッチング素子と同様に，MOSFET と負荷抵抗で構成されたシンプルなものである．MOSFET はエンハンスメント型を用いており，$V_G = 0$（入力信号が "Low" になっている）のとき MOSFET はオフ状態になるため，抵抗素子での電圧降下が生じないので出力電圧は V_{DD}（出力信号が "High" になっている）と等しくなる．この動作が入力 "Low" を出力 "High" に変換するものである．逆に，V_G が "High" でしきい値電圧以上のときにはドレイン電流が流れる．このとき，負荷抵抗での電圧降

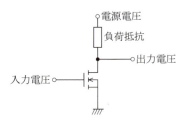

図 10.1　1 個の MOSFET を用いたインバータ回路．
　　　　MOSFET はエンハンスメント型である

下が十分大きくなるようにしておけば，出力電圧は "Low" となる．

しかしながら，MOSFET がオン状態のとき常にドレイン電流が流れ続けているため，負荷抵抗での電力消費が問題となる．さらに，MOSFET でも電力消費がある．また，集積回路の製作工程はできるだけ手順を減らすことがコスト削減につながる．そのため，MOSFET と負荷抵抗という異なる素子をつくるよりは，すべてを MOSFET だけで済ませるほうがよい．

10.1.2 ■ 2 個の MOSFET で構成するインバータ回路

負荷抵抗を MOSFET のチャネル抵抗で置き換えたときのインバータ回路の動作を考えよう．スイッチング素子として用いる MOSFET を駆動 MOS とよぶ．一方，負荷抵抗として用いる MOSFET を負荷 MOS とよぶ．駆動 MOS はスイッチング動作が必要なためエンハンスメント型であるが，負荷 MOS はエンハンスメント型あるいはデプレッション型のどちらも使用できる．

■ E/E 型

まずは負荷 MOS にもエンハンスメント型を採用した場合を考える．両方の MOSFET がエンハンスメント型であるため，これを E/E 型とよぶことにする．図 10.2 に

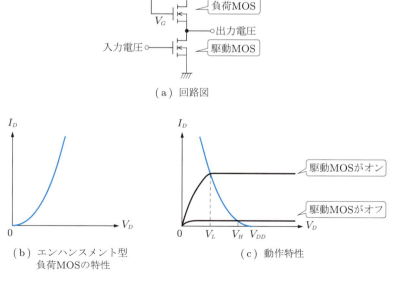

図 10.2　E/E 型インバータの動作原理

134 | Chapter 10　MOS 集積回路

E/E 型の回路図とその動作特性を示す.

　負荷 MOS のゲートとドレインが接続されているので, $V_D = V_G$ である. 負荷 MOS のしきい値電圧を V_T, ピンチオフ電圧を V_p とすると

$$V_p = V_G - V_T < V_D \tag{10.1}$$

が成り立つので, 負荷 MOS は飽和領域で動作している. このとき, 負荷 MOS のドレイン電流 I_D は

$$I_D = \frac{Z\mu_n C_{ox}}{2L}(V_G - V_T)^2 = \frac{Z\mu_n C_{ox}}{2L}(V_D - V_T)^2 \tag{10.2}$$

となる. これは, V_D 以上のドレイン電圧において, ドレイン電流は図 (b) に示すような放物線状に増加することを意味する. この負荷 MOS の放物線状の動作特性を左右反転にして, 駆動 MOS のオン/オフ状態の動作特性に重ねたものが図 (c) である. 二つの MOSFET の動作特性の交点がインバータ回路の動作点となるので, 駆動 MOS がオン状態のときの動作点は出力が低電位の V_L であり, 一方, 駆動 MOS がオフ状態のときの動作点は出力が高電位の V_H となる.

　これで E/E 型回路がインバータとして動作することが示された. しかし, この方法には欠点がある. それは論理振幅である V_L と V_H の差が大きくとれないためにノイズに弱いことである.

■E/D 型

　上記の欠点を解決できるのが, 負荷 MOS にデプレッション型を採用した E/D 型である. その回路図と動作特性を図 10.3 に示す. 負荷 MOS のゲートとソースが接続されているので, 負荷 MOS のゲートはソースに対してゼロ電位である. しかし, デプレッション型なのでチャネルは形成されているから, V_D を印加すればドレイン電流は流れる. よって, 負荷 MOS の特性は図 (b) に示すものとなり, それを左右反転させて駆動 MOS のオン/オフ状態の動作特性に重ねたものが図 (c) である. E/E 型と同様に, 駆動 MOS がオン状態のときの動作点は出力が低電位の V_L であり, 一方駆動 MOS がオフ状態のときの動作点は出力が高電位の V_H となる. しかし, E/E 型と異なるのは, 論理振幅である V_L と V_H の電位差を大きくとれることであり, そのためノイズに強いというメリットがある.

10.1.3 ■ CMOS インバータ

　負荷抵抗を MOSFET に置き換えることでインバータ動作が可能であることは示された. しかし, 駆動 MOS がオン状態のときの負荷 MOS に常に流れるドレイン電流に

10.1 インバータ回路 | 135

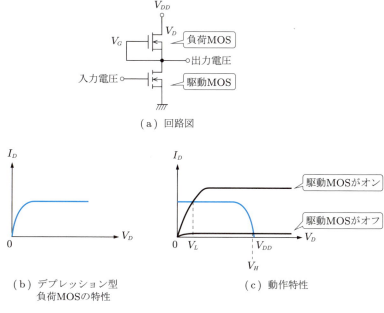

(a) 回路図

(b) デプレッション型
負荷MOSの特性

(c) 動作特性

図 10.3　E/D 型インバータの動作特性

よる消費電力は改善されていない．この問題を解決するため，負荷 MOS に p 型チャネルのエンハンスメント型を採用したインバータ回路が用いられている．その回路図を図 10.4 に示す．二つの MOSFET のゲートどうし，ドレインどうしが接続されている．この回路を相補形 MOS（complimentaly MOS, CMOS）インバータとよぶ．CMOS インバータのスイッチング動作を見てみよう．

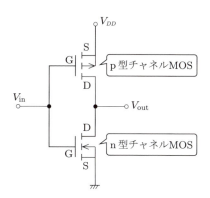

図 10.4　CMOS インバータ回路

(i) 入力電圧 V_{in} が高く，$V_{\text{in}} = V_{DD}$ のとき
- n 型チャネル MOS のゲート – ソース間電圧は $V_{GSn} = V_{DD}$ となるので，n 型チャネル MOS はオン状態である．
- p 型チャネル MOS のゲート – ソース間電圧は $V_{GSp} = 0$ なので，p 型チャネル MOS はオフ状態である．
- このとき，出力端子は n 型チャネル MOS を通じてアースに放電される．

(ii) 入力電圧 V_{in} が低いとき
- n 型チャネル MOS はオフ状態である．
- p 型チャネル MOS のゲート – ソース間電圧は $|V_{GSp}| \approx V_{DD} > |V_T|$ となる．よって，p 型チャネル MOS はオン状態である．
- このとき，出力端子は p 型チャネル MOS を通じて V_{DD} に充電される．

このように，どちらかが負荷 MOS ではなく，文字どおり相補的にスイッチング動作をする．この CMOS インバータの特徴は，どちらかの MOS がオフ状態になっているので電源からアースへ流れる電流がとても小さいことである．よって，オン/オフの切り替えのときのみ電流が流れるため，負荷 MOS での消費電力の問題が解決される．また，論理振幅は電源電圧いっぱいにとることができる．そのためノイズに強く，また電源電圧の低電圧化に有利である．デジタル集積回路はほとんどが CMOS 回路である．

CMOS インバータの動作特性を，二つの MOS の動作特性を重ね合わせることで考えてみよう．図 10.5(a) は p 型チャネル MOS の動作特性である．ここでは $V_{DD} = 6\,\text{V}$ としている．6 V の信号を "High"，0 V を "Low" 信号とする．

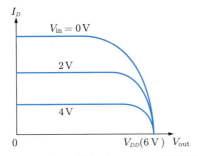

(a) CMOS 中の p 型チャネル MOS の動作特性

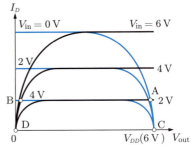

(b) CMOS インバータの動作特性．
青線は p 型チャネル MOS，
黒線は n 型チャネル MOS のドレイン特性．

図 10.5 CMOS インバータの動作原理

$V_{in} = 0\,V$ のとき，$V_{GSp} = 6\,V$ であり p 型チャネル MOS は強い反転が起こっているので，ドレイン電流は十分に流れるオン状態である．ただし，V_{out}（これは p 型チャネル MOS のドレイン端子の電圧）が V_{DD} に近づくとソース–ドレイン間の電位差がなくなるので，ドレイン電流もゼロになる．$V_{in} = 0$ が増加すると，反転状態が弱まるためドレイン電流は減少し，$V_{in} = V_{DD}$ にはドレイン電流はゼロになるオフ状態である（図には明記していないが，グラフの横軸に重なっていると考えてほしい）．

図 (b) はこの p 型チャネル MOS ともう一方の n 型チャネル MOS の動作特性を重ね合わせたものである．p 型チャネル MOS は青線，n 型チャネル MOS は黒線で示している．n 型チャネル MOS は $V_{in} = V_{DD}(6\,V)$ のときに $V_{GSn} = V_{DD}$ となるオン状態で，ドレイン電流が十分に流れる．そして，V_{in} が小さくなると反転状態が弱まるためドレイン電流が減少し，$V_{in} = 0\,V$ のとき $V_{GSn} = 0\,V$ となるオフ状態となるので，ドレイン電流は流れない．

この二つの MOS を直列接続すると，流れるドレイン電流は等しい．すなわち，図 (b) においてある入力電圧 V_{in} を与えたとき，二つの MOS の動作特性のグラフ上の交点が動作点である．たとえば，$V_{in} = 2\,V$ のときの動作点は A となるので，出力電圧 V_{out} は $V_{DD}(6\,V)$ に近い値となる．また，$V_{in} = 4\,V$ のときの動作点は B となるので，出力電圧は $0\,V$ に近い値となる．では，入力電圧を $V_{in} = 0\,V$ とすると出力電圧はどうなるであろうか．

このとき，n 型チャネル MOS はドレイン電流がまったく流れないから，二つの MOS の動作特性の交点は C である．すなわち，出力電圧は $V_{DD}(6\,V)$ となり，入力信号 "Low" に対して出力信号が "High" となるインバータ動作が実現している．逆に，$V_{in} = 6\,V$ のときは p 型チャネル MOS のドレイン電流がまったく流れないので二つの MOS の動作特性の交点は D となり，V_{out} は $0\,V$ となる．これは入力信号 "High" のとき出力信号 "Low" が得られる逆のインバータ動作になっている．このように，CMOS インバータは論理振幅を V_{DD} いっぱいにとることができる．

10.2 MOSFET 縮小則

MOSFET の寸法を小さくすることは，LSI の高密度な集積を可能とし，1 チップの演算処理能力を大きく向上させることになる．また，前章で述べたように，チャネル長が短くなれば周波数特性の改善に繋がることになる．同時に，ドレイン電流 I_D はチャネル長に反比例することから（式 (9.6)），駆動電流の増加にも貢献する．

一方で，ドレイン特性の計算を容易にするために，チャネル長はチャネルの厚さより十分に長いと仮定していた．したがって，実際に得られるデバイス特性はチャネル

138 | Chapter 10 MOS 集積回路

長が短くなればこの仮定（長チャネル近似）から得られた結果からずれる．これを短チャネル効果とよぶ．短チャネル効果により，MOSFET でもっとも重要なパラメータであるしきい値電圧が影響を受けることが知られている．しきい値電圧の式 (8.34) において，アクセプタイオンによる電荷 Q_B の計算にはゲート電圧しか考慮していなかった．しかし，チャネル長が短くなると，ソース–ドレイン間の電界が Q_B に影響し，したがって，しきい値電圧の変動やリーク電流を生じることになる．

MOSFET の寸法を小さくしても長チャネル近似を維持する一つの方法は，デバイス内部の電界が同じに保たれるように，すべての寸法と電圧を縮小率 $K(>1)$ に則して単純に小さくする方法である．たとえば，デバイス寸法が $1/K$ となったときには，チャネル内の電界が変化しないようにソース–ドレイン間の電圧も $1/K$ とすればよい．これは，一定電界縮小則とよばれる方法である．デバイス寸法を縮小すると回路特性が向上する．たとえば，回路あたりの消費電力は電圧の 2 乗に比例するので，縮小すると $1/K^2$ となり大きく減少させることができる．しかし，一定電界縮小則には限界があり，デバイス寸法の縮小が進むとデバイス内の電界はある程度増大してしまう．この原因は，電源電圧やしきい値電圧など，任意に低下させることができない電圧要素があるためである．

■ 演習問題

10.1 縮小率 K のとき，空乏層容量，回路遅延時間，回路密度，電力密度の値はそれぞれどのようになるか．

Chapter 11

MESFET

MOSFET の周波数特性を向上させるためには，チャネル長を短くすること，そして移動度の大きい材料を用いること，この二つの条件があることを学んだ（第 9 章，式 (9.9)）．シリコンより移動度の大きな材料は，ガリウムヒ素（GaAs）やインジウムリン（InP）など III 族と V 族の化合物半導体に多い．そこでこの章では，そのような半導体によりつくられた MESFET について説明する．しかし，これらの化合物半導体は熱処理により酸化膜を作製することが困難である．たとえば，GaAs 基板は熱処理によりヒ素が基板から放出されてしまい，基板の破壊が生じてしまう．

この問題を解決する方法は主に二つある．その一つは，絶縁膜となる物質を別で作製して基板に堆積させる，化学気相堆積法とよばれる方法である．たとえば，基板表面で $SiH_4 + 2O_2 \rightarrow SiO_2 + 2H_2O$ の化学反応を生じさせて SiO_2 膜を基板に堆積させる．もう一つの方法は，この章で解説するゲート電極にショットキー接合を用いる方法である．

11.1 MESFET の素子構造

図 11.1 に MESFET の断面図を示す．酸化膜がないため，ゲート部分は電極金属と半導体の 2 層構造になっている．すなわち，MES とは metal-semiconductor の略であり，金属と半導体の 2 層構造を意味している．ゲート電極は第 5 章で説明したショットキー接合を利用しており，空乏層が形成されている．ショットキー接合であるため，電流が流れ込まないようにゲート電圧の極性を制御すれば絶縁膜は不要となる．一方，ソース電極とドレイン電極はオーミック接触である．半導体層は真性半導体とチャネルとなる不純物半導体に分かれる．真性半導体の層を用いる理由は，高周波特性を劣化させる寄生容量（基板と各電極間に生じる静電容量）を最小にするためである．

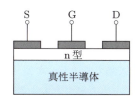

図 11.1　MESFET の内部構造を示す断面図

11.2 MESFETの動作原理

11.2.1 ■ 熱平衡状態のMESFET

MESFETの動作はほかのFETとどのように違うのであろうか．MESFETの動作原理を考えるモデルを図11.2(a)に示す．ここにaはチャネル全体の厚さ，Wは空乏層の厚さである．また，ゲート電圧V_Gとドレイン電圧V_Dはともにゼロであり，ソース電極は接地されている．すなわち熱平衡状態である．

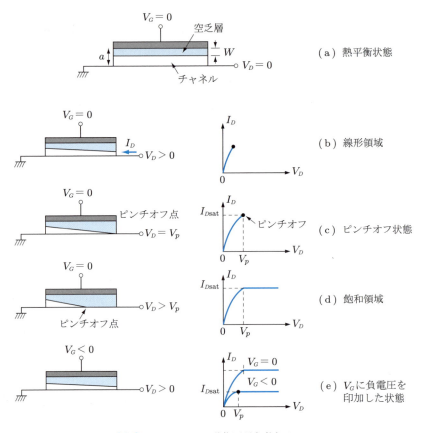

図11.2 MESFETの動作原理を考えるモデル

まず，$V_G = 0$であっても不純物半導体の層があるので，チャネルが形成されている．すなわち，MESFETはデプレッション型（ノーマリーオン型）であることがわかる．このチャネルの抵抗Rを求めてみよう．キャリアは抵抗値の高い空乏層は通らないので，厚さ$a - W$のn型チャネル部分のみを考えればよい．

$$R = \rho \frac{L}{A} = \frac{L}{q\mu_n N_D A} = \frac{L}{q\mu_n N_D Z(a - W)} \tag{11.1}$$

ここに，L はチャネル長，Z はチャネル幅，そして A はキャリアが流れる断面積である．

11.2.2 ■ ドレイン電圧 V_D を印加したとき

ドレイン電圧を印加するとチャネルに電流が流れるので，チャネル内の電位が不均一になり空乏層が変形する．すなわち，JFET，MOSFET と同じことが起こる．

■ $V_G = 0$ で V_D が小さい線形領域：図 (b)

チャネルに小さいドレイン電流が流れる．このとき，電流値は $I_D = V_D/R$ と見なせる．V_D の増加によりチャネル内の電圧降下も大きくなってくる．これはショットキー接合にとって逆バイアスであり，ソース側よりドレイン側でその効果が大きい．したがって，ドレイン側の空乏層がより大きく広がり，チャネル断面積を狭くするので，R が大きくなり I_D の増える割合が小さくなる．

■ $V_G = 0$ でピンチオフ状態：図 (c)

V_D がさらに増加すると，ドレイン側での空乏層もさらに広がる．ついには空乏層が真性半導体層とくっつきチャネルが閉じてしまう．すなわち，ピンチオフ状態となる．このときのドレイン電圧はピンチオフ電圧 V_p である．$V_D < V_p$ の範囲では，V_D の増加とともにドレイン電流も増加する線形領域である．

■ $V_G = 0$ で飽和領域：図 (d)

V_D をさらに増加させ，$V_D > V_p$ の範囲ではピンチオフ点がソース側に移動していく．すなわち，空乏層により閉ざされた部分が増えていく．空乏層は抵抗値が大きいため，V_D の増加はチャネル部分ではなくこの空乏層部分に印加される．したがって，$V_D > V_p$ の範囲では V_D が増加してもドレイン電流が増えず，一定の飽和電流 I_{Dsat} が流れる．すなわち，飽和領域である．

■ $V_G < 0$ のとき：図 (e)

V_G に負の電圧を印加した場合を考える．これはショットキー接合には逆バイアスであるため，空乏層を広げる作用をする．すなわち，$V_G = 0$ のときよりもピンチオフ電圧が低下する．また，同じドレイン電圧において V_G に負電圧を印加するほうが空乏層が広いので，チャネルの断面積が狭くなり抵抗 R が大きくなる．すなわち，同じドレイン電圧においてドレイン電流を比較すると，より大きな負電圧の V_G のときドレイン電流は小さくなる．

11.3 MESFET の電流 – 電圧特性の計算

11.3.1 ■ デプレッション型の MESFET

MESFET の電流 – 電圧特性（ドレイン特性）を求めてみよう．これは JFET の電流 – 電圧特性ととてもよく似ている．計算に用いるモデルを図 11.3(a) に示す．ソース側の空乏層厚さを W_1，ドレイン側を W_2 としており，解析を容易にするため，空乏層厚さの変化を直線で近似している．ソース – ドレイン間の横方向を x として，位置 x での空乏層厚さを $W(x)$ とする．

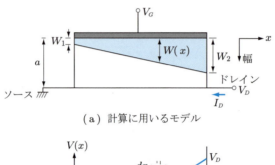

（a）計算に用いるモデル

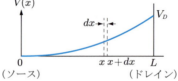

（b）チャネルに沿ったポテンシャルの変化

図 11.3　MESFET の電流 – 電圧特性の計算モデル

長さ dx あたりの電圧降下 dV は次式で与えられる．

$$dV = I_D \frac{dx}{q\mu_n N_D Z(a - W(x))} \tag{11.2}$$

上式をつぎのように変形する．

$$I_D dx = q\mu_n N_D Z(a - W(x)) dV \tag{11.3}$$

このとき，位置 x での空乏層の厚さは，式 (5.5) より

$$W(x) = \sqrt{\frac{2\varepsilon_s(V(x) + V_{bi} - V_G)}{qN_D}} \tag{11.4}$$

である．ここに，V_{bi} はショットキー接合の内蔵電位である．

式 (11.4) の両辺を 2 乗して V で微分すると次式を得る．

$$WdW = \frac{\varepsilon_s}{qN_D}dV \tag{11.5}$$

式 (11.5) を式 (11.3) に代入して $x = 0 \sim L$ の範囲で積分すると，ドレイン電流は次式で与えられる．

$$\begin{aligned} I_D &= \frac{1}{L}\int_{W_1}^{W_2} q\mu_n N_D Z \frac{qN_D}{\varepsilon_s}(a-W)WdW \\ &= \frac{q^2\mu_n N_D^2 Z}{L\varepsilon_s}\left[\frac{1}{2}aW^2 - \frac{1}{3}W^3\right]_{W_1}^{W_2} \\ &= \frac{q^2\mu_n N_D^2 Z}{L\varepsilon_s}\left\{\frac{1}{2}a(W_2^2 - W_1^2) - \frac{1}{3}(W_2^3 - W_1^3)\right\} \end{aligned} \tag{11.6}$$

このとき，チャネルの両端の空乏層の厚さは

$$W_1 = \sqrt{\frac{2\varepsilon_s}{qN_D}(V_{bi} - V_G)}, \quad W_2 = \sqrt{\frac{2\varepsilon_s}{qN_D}(V_D + V_{bi} - V_G)} \tag{11.7}$$

であるから，ドレイン電流は次式で与えられる．

$$I_D = I_{D0}\left\{\frac{V_D}{V_{p0}} - \frac{2}{3}\left(\frac{V_D + V_{bi} - V_G}{V_{p0}}\right)^{3/2} + \frac{2}{3}\left(\frac{V_{bi} - V_G}{V_{p0}}\right)^{3/2}\right\} \tag{11.8}$$

ここに，

$$I_{D0} = \frac{q^2\mu_n N_D^2 Za^3}{2L\varepsilon_s}, \quad V_{p0} = \frac{qN_D a^2}{2\varepsilon_s} \tag{11.9}$$

である．

ピンチオフ電圧 V_p は，$x = L$ で空乏層によってチャネルが閉じる，すなわち $W_2 = a$ となるときの V_D であるから，式 (11.7) より

$$W_2 = a = \sqrt{\frac{2\varepsilon_s}{qN_D}(V_p + V_{bi} - V_G)}$$

$$\therefore \quad V_p = \frac{qN_D a^2}{2\varepsilon_s} - V_{bi} + V_G = V_{p0} - V_{bi} + V_G \tag{11.10}$$

である．したがって，負のゲート電圧を印加するとピンチオフ電圧は $|V_G|$ だけ低下する．またこの式は，JFET のピンチオフ電圧を与える式 (7.8) と同じである．

飽和電流 I_{Dsat} は，式 (11.8) の V_D に上式 V_p を代入して次式で与えられる．

$$I_{Dsat} = I_{D0}\left\{\frac{V_p}{V_{p0}} - \frac{2}{3}\left(\frac{V_p + V_{bi} - V_G}{V_{p0}}\right)^{3/2} + \frac{2}{3}\left(\frac{V_{bi} - V_G}{V_{p0}}\right)^{3/2}\right\}$$

144 | Chapter 11 MESFET

$$= I_{D0} \left\{ \frac{1}{3} - \frac{V_{bi} - V_G}{V_{p0}} + \frac{2}{3} \left(\frac{V_{bi} - V_G}{V_{p0}} \right)^{3/2} \right\} \tag{11.11}$$

線形領域の相互コンダクタンスは，式 (11.8) において $V_D \ll (V_{bi} - V_G)$ のときであるから，式 (11.8) の右辺第 2 項に $(1+x)^n \approx 1 + nx$（ただし，$|x| \ll 1$）の近似をつぎのように施す．

$$
\begin{aligned}
-\frac{2}{3} \left(\frac{V_D + V_{bi} - V_G}{V_{p0}} \right)^{3/2} &= -\frac{2}{3} \left(\frac{V_{bi} - V_G}{V_{p0}} + \frac{V_D}{V_{p0}} \right)^{3/2} \\
&= -\frac{2}{3} \left(\frac{V_{bi} - V_G}{V_{p0}} \right)^{3/2} \left(1 + \frac{V_D}{V_{bi} - V_G} \right)^{3/2} \\
&\approx -\frac{2}{3} \left(\frac{V_{bi} - V_G}{V_{p0}} \right)^{3/2} \left(1 + \frac{3}{2} \frac{V_D}{V_{bi} - V_G} \right) \\
&= -\frac{2}{3} \left(\frac{V_{bi} - V_G}{V_{p0}} \right)^{3/2} - \frac{V_D}{V_{p0}} \left(\frac{V_{bi} - V_G}{V_{p0}} \right)^{1/2} \tag{11.12}
\end{aligned}
$$

よって，線形領域のドレイン電流は，上の近似式を式 (11.8) の右辺第 2 項に戻すと

$$I_D \approx \frac{I_{D0} V_D}{V_{p0}} \left(1 - \sqrt{\frac{V_{bi} - V_G}{V_{p0}}} \right) \tag{11.13}$$

となる．すなわち，V_D の変化に対してドレイン電流は原点を通る直線で近似できる．またこのとき，

$$\frac{I_{D0}}{V_{p0}} = \frac{q \mu_n N_D Z a}{L} \tag{11.14}$$

であり，これはチャネル抵抗の式 (11.1) において空乏層幅 $W = 0$ としたときの逆数である．すなわち，式 (11.14) は空乏層がまったくないときのチャネルのコンダクタンスの値であり，JFET の式 (7.7) と同じである（JFET の計算モデルは空乏層のないチャネル幅を $2a$ としている）．

このとき，線形領域の相互コンダクタンス g_m は

$$g_m = \frac{\partial I_D}{\partial V_G} = \frac{I_{D0} V_D}{2 V_{p0}^2} \sqrt{\frac{V_{p0}}{V_{bi} - V_G}} \tag{11.15}$$

となる．一方，飽和領域の相互コンダクタンス g_{ms} は，式 (11.11) を偏微分して次式で与えられる．

$$g_{ms} = \frac{\partial I_{D\mathrm{sat}}}{\partial V_G} = \frac{I_{D0}}{V_{p0}} \left(1 - \sqrt{\frac{V_{bi} - V_G}{V_{p0}}} \right) \tag{11.16}$$

11.3 MESFET の電流−電圧特性の計算 | 145

■ **例題 11.1**

　GaAs の n 型チャネル MESFET の I_{D0} と V_{p0} を求めなさい．ただし，$L = 2\,\mu\mathrm{m}$，$Z = 10\,\mu\mathrm{m}$，$N_D = 10^{15}\,\mathrm{cm}^{-3}$，$a = 2\,\mu\mathrm{m}$，GaAs の比誘電率を 12.4，および電子移動度 $\mu_n = 8500\,\mathrm{cm}^2/\mathrm{V\cdot s}$ を用いること．また，$V_G = 0\,\mathrm{V}$ のときの飽和電流の値を求めなさい．ただし，$V_{bi} = 0.8\,\mathrm{V}$ とする．

■ **解答**

　式 (11.9) より

$$
\begin{aligned}
I_{D0} &= \frac{q^2 \mu_n N_D^2 Z a^3}{2 L \varepsilon_s} \\
&= \frac{(1.602 \times 10^{-19})^2 \times 8500 \times (10^{15})^2 \times 10 \times 10^{-4} \times (2 \times 10^{-4})^3}{2 \times (2 \times 10^{-4}) \times 12.4 \times 8.854 \times 10^{-14}} \\
&= 3.97 \times 10^{-3}\ [\mathrm{A}] = 3.97\ [\mathrm{mA}] \\
V_{p0} &= \frac{q N_D a^2}{2 \varepsilon_s} = \frac{1.602 \times 10^{-19} \times 10^{15} \times (2 \times 10^{-4})^2}{2 \times 12.4 \times 8.854 \times 10^{-14}} \\
&= 2.92\ [\mathrm{V}]
\end{aligned}
$$

となる．$V_G = 0\,\mathrm{V}$ のときの飽和電流は，式 (11.11) より

$$
\begin{aligned}
I_{D\mathrm{sat}} &= I_{D0} \left\{ \frac{1}{3} - \frac{V_{bi} - V_G}{V_{p0}} + \frac{2}{3} \left(\frac{V_{bi} - V_G}{V_{p0}} \right)^{3/2} \right\} \\
&= 3.97 \times \left\{ \frac{1}{3} - \frac{0.8 - 0}{2.92} + \frac{2}{3} \left(\frac{0.8 - 0}{2.92} \right)^{3/2} \right\} \\
&= 0.615\ [\mathrm{mA}]
\end{aligned}
$$

である．

11.3.2 ■ エンハンスメント型の MESFET

　以上はデプレッション型の MESFET の説明であった．低消費電力動作に有効なデバイス動作は，$V_G = 0$ でドレイン電流が流れないエンハンスメント型（ノーマリーオフ型）のデバイス構造が望ましい．MESFET でエンハンスメント型を実現する作製方法は，n 型チャネルを薄くして，$V_G = 0$ でも空乏層によってチャネルが閉じている状態にするというものである．したがって，V_G に正の電圧を印加すると空乏層の厚みが縮小し，チャネルが開いてドレイン電流が流れるエンハンスメント型の動作が可能となる．このとき，しきい値電圧 V_T は，ピンチオフ状態からチャネルが開いてドレイン電流が流れるゲート電圧に等しいので，式 (11.7) より次式が成り立つ．

$$W_2 = a = \sqrt{\frac{2\varepsilon_s}{qN_D}(V_D + V_{bi} - V_T)} \tag{11.17}$$

よって，

$$V_D + V_{bi} - V_T = \frac{qN_D a^2}{2\varepsilon_s} \quad (= V_{p0}) \tag{11.18}$$

であるから，しきい値電圧は，$V_T = V_D + V_{bi} - V_{p0}$ である．

11.4 MESFET の周波数応答

MESFET のトランジッション周波数 f_T を求めてみよう．図 11.4 に MESFET の小信号等価回路を示す．小信号ゲート電圧を v_g，単位面積あたりのゲートの静電容量を C_G とすると，$C_G = \varepsilon_s ZL/W$ である．W は空乏層の厚さの平均値である．小信号ゲート入力電流は $i_g = 2\pi f C_G v_g$ であり，小信号出力（ドレイン）電流は $i_d = g_{ms} v_g$ である．トランジッション周波数は $i_g = i_d$ のときの周波数なので，次式で与えられる．

$$f_T = \frac{g_{ms}}{2\pi C_G} = \frac{g_{ms} W}{2\pi \varepsilon_s ZL} \tag{11.19}$$

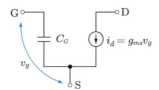

図 11.4　MESFET の小信号等価回路

トランジッション周波数を改善するには，チャネル長 L を短くする，高移動度の半導体材料を使用する（$\mu_n \propto g_{ms}$），という二つの手段がある．これは JFET および MOSFET と同じである．

■ 演習問題

11.1　線形領域のチャネルコンダクタンスを求めなさい．

11.2　例題 11.1 の MESFET において，$V_G = 0, -0.5, -1.0\,\mathrm{V}$ のときのピンチオフ電圧と飽和電流を求めなさい．また，式 (11.8) を用いてドレイン特性の概形をグラフに描きなさい．

エネルギーバンド構造について

A.1 定性的な考え方

孤立した原子に存在する電子がもつことのできるエネルギーは飛び飛びの値（エネルギー準位）になるが，同じ二つの原子が接近したときに，このエネルギー準位はどのように変化するのだろうか．このとき，電子のエネルギー準位は隣りの原子との相互作用により変化し，各エネルギー準位は図 A.1 に示すように二つに分裂する．二つの原子間距離が近くなるほど，分裂したエネルギー差は大きくなる．また，内側の殻にある電子ほど隣の原子との距離が遠いので相互作用の影響は小さく，そのため分裂したエネルギー差も小さい．

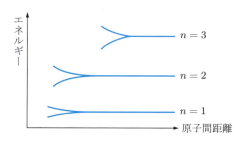

図 A.1 二つの原子の接近によるエネルギー準位分裂のイメージ図

10 個の原子が接近したときには，各エネルギー準位は 10 個に分裂する．実際の半導体結晶には $10^{22} \sim 10^{23}$ cm^{-3} 個もの原子が集まっているため，相互作用により分裂したエネルギー準位は膨大な数になり，密集して許容帯を形成する．したがって，許容帯は分裂したエネルギー準位の集合であるが，連続したエネルギーバンドと考えてよい．

A.2 クローニッヒ・ペニーモデル：量子井戸

一次元結晶のエネルギーバンド構造を近似的に計算する方法について説明する．図 1.5 に示した一次元結晶のポテンシャルエネルギーの形は，位置 r の逆数に比例した双

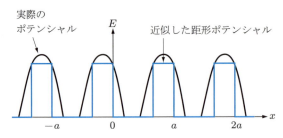

図 A.2　クローニッヒ・ペニーモデル．有限の深さの矩形の量子井戸の周期構造で近似された一次元結晶のポテンシャル

曲線関数の周期構造になっている．このままでは計算が難しいので，容易にするため図 A.2 に示すように矩形の周期構造に近似してしまう．これを**クローニッヒ・ペニーモデル**とよぶ．原子核の近傍が低くて平らなポテンシャルエネルギーになっており，ここに電子が閉じ込められている．このように，周囲より低く平坦なポテンシャルに電子を閉じ込める構造は**量子井戸**とよばれ，半導体の基礎的物性の解析のみならず，デバイス設計にも広く応用されている重要な概念である．

量子井戸に閉じ込められている電子のエネルギー準位の計算には，**シュレーディンガー方程式**とよばれる量子力学で用いられる波動方程式を用いる．電子は量子井戸内を行ったり来たりしており，その結果，電子の波の性質のために電子の定常波が発生する．すなわち，定常波条件を満たす電子しか量子井戸には存在できず，その定常波条件から，電子のもつことのできるエネルギーが飛び飛びの値になることが導出される．そして，この定常波条件はシュレーディンガー方程式を解くことにより導かれる．

$$-\frac{\hbar^2}{2m_n}\frac{d^2\psi}{dx^2} + U\psi = E\psi \tag{A.1}$$

これは**時間を含まない一次元シュレーディンガー方程式**である．ψ は波動関数とよばれ，電子を波として扱い，$|\psi(x)|^2$ は位置 x の電子の存在確率を与える．E は電子のエネルギー，U はポテンシャルエネルギー，m_n は電子の有効質量，$\hbar = h/2\pi$（h はプランク定数）である．

一つの量子井戸の定常波条件を求めてみよう．簡単のため，量子井戸の外のポテンシャルを無限の高さとして，無限の深さの量子井戸を考える（図 A.3）．もちろん無限のポテンシャルをもつ材料は存在しないが，量子井戸の外部では $\psi(x) = 0$ として扱えるので，計算を簡単にすることができる．

式 (A.1) の一般解は

$$\psi(x) = A\exp(ikx) + B\exp(-ikx) \tag{A.2}$$

A.2 クローニッヒ・ペニーモデル：量子井戸 | 149

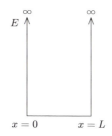

図 A.3　無限の深さの量子井戸

である．ここに A, B は定数，i は虚数単位である．また，k は次式で与えられる波数である．

$$k = \sqrt{\frac{2m_n}{\hbar^2}(E - U)} \tag{A.3}$$

量子井戸の幅を L とする．波動関数の形を決めるために二つの境界条件，$x = 0$ および $x = L$ で $\psi = 0$ を用いると，

$$\begin{aligned}\psi(0) &= A + B = 0 \\ \psi(L) &= A\exp(ikL) + B\exp(-ikL) = 2iA\sin(kL) = 0\end{aligned} \tag{A.4}$$

となり，これを満足する定常波条件は kL が π の整数倍であるから，次式で与えられる．

$$k = \frac{n\pi}{L} \quad \text{ただし}, n = 1, 2, 3, \ldots \tag{A.5}$$

上式と式 (A.3) より，一つの量子井戸内で電子がもつことのできるエネルギーの値は（$U = 0$ として），

$$E = \frac{\hbar^2 \pi^2 n^2}{2m_n L^2} (= E_n) \quad \text{ただし}, n = 1, 2, 3, \ldots \tag{A.6}$$

の飛び飛びの値（エネルギー準位）だけが許容されることがわかる．このとき波動関数は，

$$\psi(x) = C\sin\left(\frac{n\pi x}{L}\right) \quad \text{ただし}, C = 2iA \tag{A.7}$$

となる．これは，$x = 0$ と $x = L$ に節をもつ定常波の波形を表す関数である．

■ 例題 A.1
　無限の深さの量子井戸において，E_1，E_2 および E_3 の値を求め，またそれぞれに対応する波動関数の概形を描け．ただし，$L = 10\,\text{nm}$，$m_n = 0.1 m_0$ である．

■ 解答

$E_1 = 37.6$ meV, $E_2 = 150.4$ meV, $E_3 = 338.4$ meV
波動関数の概形を図 A.4 に示す.

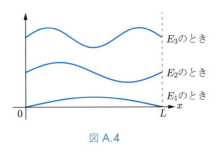

図 A.4

このように，無限の深さの矩形の量子井戸では，そのエネルギー準位の解析解を求めることができた．しかし，無限の深さとは大胆な近似であり，実際の結晶では有限の深さを考えなければならない．有限の深さの量子井戸でも，電子エネルギーが量子井戸の壁（障壁層とよばれる）のポテンシャルエネルギーより小さければ，その電子は量子井戸に閉じ込められて，定常波条件で許容されるエネルギー準位をもつ．しかしながら，有限の深さの矩形の量子井戸の場合，波動関数の障壁層への染み出しを考慮しなくてはならず，そのためシュレーディンガー方程式を解くことが難しくなり，エネルギー準位の解析解を求めることはできない．詳細な説明は省くが，この場合は，数値シミュレーションによりエネルギー準位を得ることになる．障壁の高さを 1 eV とすると，無限の深さと比較すると量子井戸による電子の束縛力も低下するため，電子のエネルギー準位は無限の深さを仮定したときの約半分まで小さくなる．

では，一次元結晶のエネルギーバンド構造を求めるにはどうするか．これは，図 A.2 に示す量子井戸の周期構造を用いて，そのエネルギーバンドを数値計算で求めることになる．障壁層の高さが有限で，なおかつその厚さが薄いので，量子井戸の間はトンネル効果により電子が移動できる．そのため，原子の相互作用による電子の許容帯が発生する．トンネル効果の計算方法は本書では省略するが，たとえば「量子力学」（砂川重信 著，岩波書店，1991）などを参考にしてほしい．

付録 B

状態密度の計算方法

式 (2.2) および式 (2.3) で与えられる電子および正孔の状態密度を算出する．電子が粒子と波の両方の性質をもつことは第1章で説明したが，波の性質が顕著な場合，長さ L の半導体に n 個の定常波が存在すると，その波長 λ は次式で与えられる．

$$\lambda = \frac{2L}{n} \tag{B.1}$$

電子のエネルギー E は，プランク定数 h，光速 c，振動数 f を用いて次式で与えられる．

$$E = hf = \frac{hc}{\lambda} \tag{B.2}$$

このとき，定常波の個数 n が増えると式 (B.1) より波長が短くなるので，(L は一定) 電子のエネルギーは大きくなる．すなわち，n はエネルギー状態数に対応している．

電子の波長は，運動量 p を用いるド・ブロイ波長 $\lambda = h/p$ で表され，これを式 (B.1) に代入すると，ある1方向において次式が成り立つ．

$$Lp = \frac{hn}{2} \tag{B.3}$$

よって，エネルギー状態数 n を一つ増加させるための運動量変化 dp は $Ldp = h$ である．

一辺の長さ L の立方体では xyz の3方向を考えればよいので，次式が成り立つ．

$$L^3 dp_x dp_y dp_z = h^3 \tag{B.4}$$

したがって，実空間の単位体積あたり（$L = 1$ のとき）の運動量空間における体積 $dp_x dp_y dp_z$ は h^3 に等しい．すなわち，一つのエネルギー状態に対する運動量空間の体積は h^3 である．

ここで，運動量空間の球を考える．半径 p と $p + dp$ の球の体積差は $4\pi p^2 dp$ であり，この中に存在するエネルギー準位は

$$2\frac{4\pi p^2 dp}{h^3} \tag{B.5}$$

である．係数 2 は電子のスピンを考慮すると必要になる．電子エネルギー E は運動量

152 付録 B　状態密度の計算方法

p を用いて $E = p^2/(2m_n)$ で表されるから，$p = \sqrt{2m_n E}$ を用いて式 (B.5) を改めると，エネルギーを変数とした状態密度が次式で得られる．

$$2\frac{4\pi p^2 dp}{h^3} = 8\pi \frac{2m_n E}{h^3} \frac{1}{2}\sqrt{2m_n}\sqrt{E}dE \tag{B.6}$$

$$= 4\pi \left(\frac{2m_n}{h^2}\right)^{3/2}\sqrt{E}$$

付　録 C

有効質量の概念，直接遷移型と間接遷移型半導体

エネルギーバンド構造を一次元結晶を用いて説明してきた．しかし，実際の結晶はもちろん三次元であり，もっと複雑である．半導体はトランジスタのような電子デバイスだけではなく，発光ダイオード（light-emitting diodes, LEDs）やレーザダイオード（laser diodes, LDs）のような発光素子の材料としても用いられている．ただし，シリコンは発光しない半導体である．半導体でも発光するものとしないものとが存在するのは何に起因するのであろうか．

C.1　有効質量の概念

三次元結晶のエネルギーバンド構造の前に，有効質量について説明する．自由電子のエネルギー E と運動量 p の関係は，自由電子を粒子と同様に考えて次式で与えられる．

$$E = \frac{1}{2}m_0 v^2 = \frac{1}{2}\frac{p^2}{m_0} \tag{C.1}$$

ここに，m_0 は自由電子の質量である．電子のエネルギーは運動量の二次関数である．半導体結晶の伝導電子は結晶中を比較的自由に動き回ることができるので自由電子と似ているが，原子核の周期ポテンシャルのため厳密には式 (C.1) は成り立たない．しかし，結晶中の伝導電子を自由電子と同様に粒子と考えれば，その運動エネルギーを式 (C.1) を用いて定めることができる．ただし，自由電子の式を用いて結晶中の伝導電子の動きを近似して表現する際にその違いを質量にくりこんで，m_0 を有効質量 m_n で置き換える．その運動エネルギーは次式で与えられる．

$$E = \frac{1}{2}m_n v^2 = \frac{1}{2}\frac{p^2}{m_n} \tag{C.2}$$

ここに，運動量は $p = m_n v$ である．式 (C.2) より，有効質量の値は E の p による二階微分の値の逆数から求められ，次式で与えられる．

$$m_n \equiv \left(\frac{d^2 E}{dp^2}\right)^{-1} \tag{C.3}$$

正孔の有効質量 m_p についても同じ式で表現できる．電子の有効質量の値は半導体によって異なり，シリコンでは $0.19m_0$，GaAs では $0.067m_0$，InP では $0.073m_0$ と知られている．図 C.1 に横軸を運動量としたときの電子と正孔のエネルギーの値を示す．$p = 0$ のときの両者の放物線の間隔がエネルギーギャップ E_g である．また，正孔エネルギーを下向きに大きくなるように定めているが，この理由はつぎの付録 D で説明する．

有効質量の概念はたいへん便利で，電子および正孔を古典的な粒子として扱うことが可能となる．しかし，実際の結晶の中ではすべての運動量の範囲で式 (C.2) は成り立たず，有効質量の概念を使用できるのは運動量の狭い範囲だけである．その理由は，三次元結晶のエネルギーバンド構造の複雑さである．

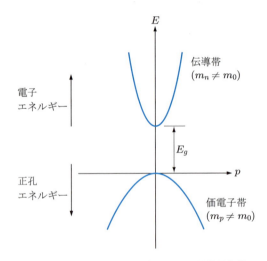

図 C.1　電子と正孔のエネルギー – 運動量曲線

C.2　直接遷移型と間接遷移型半導体

三次元結晶のエネルギーバンド構造が図 C.1 よりはるかに複雑になることは，立方体のように原子が並んでいる一番簡単な結晶を思い浮かべてみるとわかると思う．結晶の方向によって原子の間隔（格子定数）が異なるので，エネルギーバンド構造も結晶の方向（結晶軸）に大きく依存することになる．図 C.2 に，それらのうち二つの結晶軸に対するシリコンと GaAs のエネルギーバンド構造を示す．まず GaAs は，電子および正孔のエネルギーバンドの極小値が $p = 0$ にあることがわかる．すなわち，有効質量の概念が $p = 0$ 近傍では使用できる．また，GaAs のバンドギャップも $p = 0$ の電子と正孔の放物線の間隔で定まる．一方，シリコン電子のエネルギーバンドの極

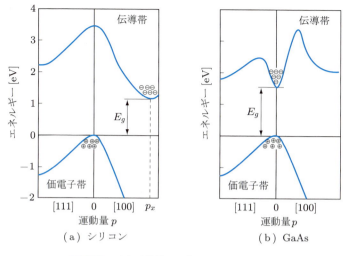

図 C.2　三次元結晶のエネルギーバンド構造

小値は $p=0$ にはなく，図 (a) の p_x と記した近傍である．そのため，シリコン電子の有効質量は $p=0$ ではなく，p_x の近傍において定まることになる．また，シリコンのバンドギャップは，電子の p_x のエネルギーバンドと正孔の $p=0$ のエネルギーバンドという異なる運動量での差によって定まることとなる．

　光や熱などの外部エネルギーを受けて共有結合が切れて伝導電子が発生する様子は，エネルギーバンド図においては価電子帯から伝導帯への電子の励起であった（対生成）．一方，再結合とは，伝導帯にある電子が価電子帯の正孔と結合して消滅，そして熱平衡状態に戻ることであった．図 (a) に示すように，シリコンの電子のもつ運動量が p_x であり，正孔の運動量 $p=0$ とは異なっている．この場合，再結合には運動量保存則が成立しなければならないので，電子と正孔の運動量差に相当する運動量を外部から得なければならない．このようなバンドギャップをもつ半導体を**間接遷移型半導体**とよぶ．一方，図 (b) に示すように，GaAs の電子と正孔はともに $p=0$ という等しい運動量をもっているため，再結合過程において運動量変化を伴わない．このような半導体を**直接遷移型半導体**とよぶ．直接遷移型か間接遷移型かの違いは発光素子をつくるときに非常に重要であり，効率のよい発光のためには直接遷移型半導体を使用することが必須である．直接遷移型半導体では，再結合によりエネルギーギャップ E_g に相当するエネルギーをもつ光を放つ．一方，シリコンのような間接遷移型半導体では発光現象はほとんど見られない．なぜなら，外部から運動量を得る主な方法はフォノン散乱であり，E_g に相当するエネルギーは格子振動，すなわち熱に変わってしまうからである．しかし，シリコンは光吸収は可能なので，太陽電池など受光素子へ応用されている．

付録 D

価電子帯のエネルギーと正孔の概念

　価電子帯の正孔のエネルギーは下向きに大きくなるように扱うことを第3章の図 3.3(b) および付録 C の図 C.1 を用いて説明した．しかし，伝導帯の電子エネルギーとは逆であるため，とても奇異に感じてしまい直感的には理解できないため，以下で詳しく説明する．

　電子を波として考えた場合，運動量 p と波数 k の間には $p = \hbar k$ の関係があることを用いて，式 (C.3) で定義した有効質量を波数 k を用いて次式で表すこともできる．（式 (A.3) で $U = 0$ とおけば，$p = \hbar k$ を導くことができる）

$$m_n \equiv \left(\frac{d^2 E}{dp^2}\right)^{-1} = \hbar^2 \left(\frac{d^2 E}{dk^2}\right)^{-1} \tag{D.1}$$

このとき，$d^2 E/dk^2$ は放物線の曲率であることに注意する．すなわち，上式は有効質量が放物線の曲率で定まることを示している．また，エネルギーと波数の関係は次式で表される．

$$E = \frac{1}{2}\frac{p^2}{m_n} = \frac{1}{2}\frac{\hbar^2 k^2}{m_n} \tag{D.2}$$

　図 D.1 に一次元結晶のエネルギーバンド構造の電子エネルギーと波数の関係（E–k 曲線）の計算例を示す．黒線は自由電子の E–k 曲線である．一次元結晶では，禁制帯において E–k 曲線が周期 π/a で切れており，E–k 曲線の曲率も違うので，自由電子の質量と結晶中の有効質量が異なる値となることを示している．

　各許容帯の底付近の E–k 曲線は下に凸の放物線であるから，式 (D.1) より有効質量は正の値である．しかし，各許容帯の頂上付近の E–k 曲線は上に凸であるから，有効質量は負の値となる．図 D.2 に一つの許容帯から取り出した E–k 曲線と，そこから計算した有効質量を示す．E–k 曲線の変曲点 C 以下のエネルギーでは有効質量は正，C 以上のエネルギーでは有効質量は負となる．また，変曲点 C 付近では有効質量は $\pm\infty$ となり，電子は非常に重い粒子として振る舞う．

　許容帯底付近の電子は負の電荷と正の質量をもつ粒子として振る舞い，これは問題なく理解できる．しかし，許容帯頂上付近では負の電荷と負の質量をもつ粒子となり，負の質量は理解が難しい．負の質量の電子とはどのような動きをするのであろうか．

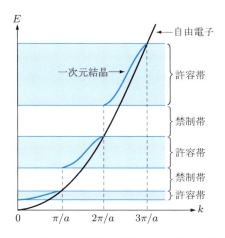

図 D.1　一次元結晶のエネルギーバンド構造の電子エネルギーと波数の関係（$E-k$ 曲線）

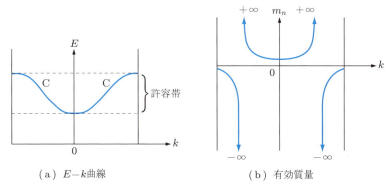

図 D.2　一つの許容帯の $E-k$ 曲線と有効質量

たとえば，力 F と加速度 a の関係 $F = m_n a$ を考えると，質量が負であるなら電子の動く方向は力 F とは逆向きである．またさらに，電界中のクーロン力による粒子の動きを考えると，正電荷の正孔の動く方向は電子とは逆である．以上のことから，許容帯頂上付近の電子は，負の電荷と負の質量ではなく，正の電荷と正の質量をもつ粒子と考えても，電界中での運動方程式が符号を変えずにそのまま成立する．これが価電子帯頂上付近に正孔が存在するという概念である．また，$E-k$ 曲線が上に凸であるから m_n は負の値となるため，式 (D.2) より正孔のエネルギーは下向きに大きくなると考えるのが妥当である．

付録 E

ヘテロ接合，トンネル効果，半導体超格子

　本書では，母体となる半導体が 1 種類であるトランジスタを扱ってきた．p 型と n 型の違いは母体となる半導体（たとえば，シリコン）に添加する不純物の違いのみである．しかし，最近のトランジスタはその性能を高めるために，異なる種類の半導体を組み合わせて作製されるのが一般的である．これは発光ダイオードやレーザダイオードでも事情は同じで，発光効率を高めるために異なる種類の半導体を組み合わせて作製されている．電子デバイスも光デバイスも，1 種類の半導体のみで作製されるものはほとんどないと言っていいだろう．

E.1 ヘテロ接合

　異なる半導体が接している構造を**ヘテロ接合**とよぶ．ヘテロとは「異種の～」という意味である．異なる半導体はすべての物性値（格子定数，バンドギャップ，誘電率，電子と正孔の有効質量など）が異なる値となる．したがって，デバイス設計にはヘテロ接合付近の物性を正しく知る必要がある．図 E.1(a) は異なる半導体の接合前のエネルギーバンドを並べたもので，左が p 型，右が n 型である．伝導帯の底 E_{C1} と E_{C2} の位置を決めるのは真空準位を基準とした電子親和力 $q\chi_1$ と $q\chi_2$ である．また，フェルミ準位 E_{f1}，E_{f2} と真空準位の差によって，二つの半導体の仕事関数 $q\phi_1$，$q\phi_2$ が決

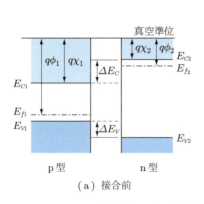 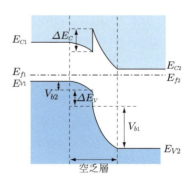

図 E.1　ヘテロ接合付近のエネルギーバンド構造

まる．伝導帯および価電子帯の不連続量 ΔE_C および ΔE_V は，二つの半導体の接合によって変化しない．pn ヘテロ接合の熱平衡状態のエネルギーバンドは図 (b) に示すものとなる．接合により熱平衡状態下では $E_{f1} = E_{f2}$ となり，空乏層と内蔵電位が生じる．

内蔵電位の値は，図から $V_{bi} = V_{b1} + V_{b2}$ である．一方，空乏層の幅はポアソン方程式を解いて求めるが，接合面での電界の接続条件に注意してほしい．ヘテロ接合でなければ，接合面での電界は p 型と n 型で等しいとしたが（式 (4.20)），ヘテロ接合の場合は二つの半導体の誘電率が異なるので，電界は単純に等しくならない．二つの半導体の誘電率を ε_{s1} および ε_{s2}，電界をそれぞれ $\mathcal{E}_1$ および $\mathcal{E}_2$ とすれば，接合面での電界の接続条件は $\varepsilon_{s1}\mathcal{E}_1 = \varepsilon_{s2}\mathcal{E}_2$ となる．一方，二つの半導体の静電ポテンシャル（電位分布）は接合面で等しいとしてよい．

ヘテロ構造を積極的に利用したバイポーラトランジスタは**ヘテロバイポーラトランジスタ**（hetero bipolar transistor, HBT）とよばれている．一方，FET では**高移動度電界効果トランジスタ**（high electron mobility transistor）が開発されており，その頭文字をとって HEMT（ヘムト）とよばれている．どちらも，1 種類の半導体のみでつくられた素子よりもはるかに速い周波数応答が実現されている．

E.2 トンネル効果

図 E.2(a) は薄い半導体 A を異なる半導体 B でサンドイッチした構造の模式図であり，図 (b) はその伝導帯を示している．すなわち，ヘテロ接合面が 2 箇所ある構造である．しかも，半導体 A の伝導帯の底 E_{CA} は半導体 B の伝導帯の底 E_{CB} よりも上にある．そのため，左の半導体 B にある電子が右方向へ移動するためには，その伝導帯

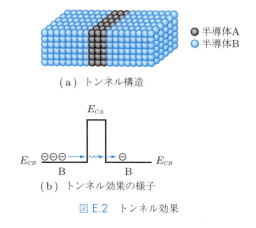

図 E.2　トンネル効果

底の差に相当するエネルギー $E_{CA} - E_{CB}$ を得て半導体 A を乗り越えなければならない．すなわち，半導体 A はポテンシャル障壁層になっている．しかし，半導体 A が極端に薄い場合（100 nm 以下），半導体 B の電子の一部は障壁層を通り抜けて進むことが可能となる．これがトンネル効果とよばれる量子力学に特徴的な現象である．電子がトンネルする確率は障壁層が薄いほど高くなる．トンネル確率はシュレーディンガー方程式を解いて得られる．

このトンネル効果の観測に初めて成功したのは，不純物濃度を極端に高くした pn 接合，いわゆる p$^+$n$^+$ 接合を用いた実験である．

不純物濃度を高くすると，フェルミ準位の位置は n 型半導体では伝導帯の底に，p 型半導体では価電子帯の頂上に近くなることは説明した．しかし，不純物濃度が極端に高くなると，フェルミ準位は n 型半導体では伝導帯の内部に入り込み，p 型半導体でも価電子帯の内部に入り込む．したがって，熱平衡状態のエネルギーバンド構造は図 E.3(a) に示すものとなる．qV_n と qV_p の値は 50〜200 meV 程度である．n$^+$ 型半導体の伝導帯底付近にいる電子のポテンシャルエネルギーが p$^+$ 型半導体の価電子帯よりも下にあるので，n$^+$ 型伝導帯 →p$^+$ 型価電子帯への移動が可能である．しかし，間にバンドギャップがあり障壁層の役割を果たしている．

このとき，空乏層の厚さは不純物濃度を高くするほど薄くなる．これは式 (4.28) をつぎのように変形すれば明らかである．

$$W = x_n + x_p = \left\{ \frac{2\varepsilon_s V_{bi}}{q} \left(\frac{1}{N_A} + \frac{1}{N_D} \right) \right\}^{1/2} \tag{E.1}$$

すなわち，p$^+$n$^+$ 接合は障壁層が十分に薄く，トンネル効果が観測可能な構造となっている．

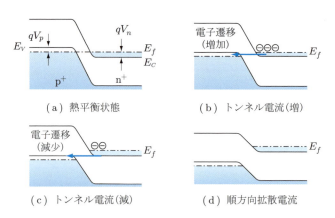

図 E.3　p$^+$n$^+$ 接合のエネルギーバンド構造

つぎに，p$^+$n$^+$接合の電流-電圧特性を考えてみよう．簡単のため，素子は極低温に冷却されており，p$^+$型およびn$^+$型のフェルミ準位より上のエネルギーバンドには電子はほとんど存在していないと仮定する．小さい順方向バイアスを印加したとき，n$^+$型のエネルギーバンドが上昇する．そのため，n$^+$型のフェルミ準位がp$^+$型のそれより上に位置することとなる．このとき，p$^+$型のフェルミ準位より上のエネルギーバンドには電子がほとんど存在しないので，n$^+$型の電子は空乏層をトンネルして，この空のp$^+$型フェルミ準位より上のエネルギーバンドに移動できる．すなわち，トンネル電流が流れることになる（図 (b)）．印加電圧を増していき，約 $(V_p + V_n)/3$ となる V_{pp} においてピーク電流 I_{pp} が観測されることが知られている．しかし，さらに順方向バイアスを増すと，n$^+$型のフェルミ準位がp$^+$型中性領域のバンドギャップと同じポテンシャルエネルギーとなる．中性領域のバンドギャップには電子を注入することはできないので，印加電圧の増加とともにトンネル電流は減少していく（図 (c)）．このとき電圧 V_{vv} で電流値は極小値となり，$V_{pp} \sim V_{vv}$ の範囲において，電圧の増加に対して電流は減少するのでコンダクタンスの微分値は負の値となり，微分負性抵抗とよばれる．

さらに順方向バイアスを増すと，トンネル電流はなくなり通常の拡散電流のみが流れる（図 (d)）．p$^+$n$^+$接合の電流-電圧特性を図 E.4 に示す．拡散電流が増加する前の低電圧領域にトンネル電流により微分負性抵抗が観測できる．この実験は量子力学に特徴的なトンネル効果の初めての観測結果となり，その業績により江崎玲於奈は1973年にノーベル物理学賞を受賞した．このp$^+$n$^+$接合は，エサキダイオード（あるいはトンネルダイオード）とよばれている．

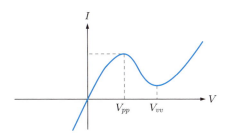

図 E.4　p$^+$n$^+$接合の電流-電圧特性

E.3　半導体超格子

トンネルダイオードは発振素子としての応用が期待されたが，電流がピークとなる電圧値 V_{pp} が低すぎたり，また，ピーク電流の値 I_{pp} が小さすぎることなどが理由で

応用には至らなかった†. しかし, ヘテロ接合を積極的に利用して新しい物性をもつ材料を開発しようとする試みが江崎玲於奈らによって 1969 年に提案された. それは, 図 E.5 に示すように 2 種類の半導体の超薄膜の周期構造からなる物質で, そのエネルギーバンド構造は二つの半導体の伝導帯および価電子帯の不連続性のため量子井戸の周期構造となる（図には伝導帯のみ示している）.

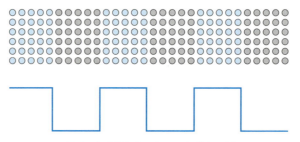

図 E.5　半導体超格子とその伝導帯の様子

この物質は図 A.2 に示したクローニッヒ・ペニーモデルに似ているが, 根本的に異なる. すなわち, クローニッヒ・ペニーモデルでは原子の存在する位置が量子井戸の底に相当する. これは結晶本来の格子定数で定まる周期構造であるため, 人為的なデザインが不可能である. 一方, 江崎らの提案した構造は, 各量子井戸および障壁層が数原子から数 10 原子並んだものである. したがって, 原子数を変えることにより量子井戸の幅を制御できるため, クローニッヒ・ペニーモデルをデザインすることが可能となる. それはすなわち, エネルギーバンド構造をデザインすることが可能となることを意味する. 江崎らはこの物質を半導体超格子 (semiconductor superlattice) と命名した. "超"格子という名前には, 結晶格子の周期性で決まる物性を超える可能性に期待を込めたと思われる. 半導体超格子の研究開発の進捗は著しく, 半導体レーザでは動作特性を改善するために使われるようになり, いまではなくてはならないものとなっている. そのほかの応用例としては, 光通信で用いられる光変調器がある.

また, 半導体超格子の障壁層を薄くした場合, トンネル効果によって電子が障壁層を通り抜けて隣の量子井戸に移動することが可能となる. そのため, 多様なキャリア輸送現象が観測されている. 応用例としては量子カスケードレーザがある. 最近では, 半導体超格子は多重量子井戸とよばれることが多くなったが, この障壁層が薄い多重量子井戸を半導体超格子とよぶことがある.

---

† 近年になり, 発光ダイオードの光取出し効率改善に用いる研究がなされている.

付録 F

ショットキー接合の電流−電圧特性

　金属−n型半導体のショットキー接合の電流−電圧特性は，不純物濃度が高くなく空乏層幅が広い場合は拡散理論で求めることができる．

　この接合に順方向バイアス V を印加したとき，n型半導体の空乏層内における電子の挙動を考察する．接合面から距離 x における電子電流密度 J_n は，その位置の電子密度を n，電位を v とすれば，ドリフト電流と拡散電流の和として次式で表される．

$$J_n = q\left(-n\mu_n \frac{dv}{dx} + D_n \frac{dn}{dx}\right) \tag{F.1}$$

アインシュタインの関係式を用いれば，式 (F.1) は

$$J_n = qD_n \left(-\frac{q}{kT} n \frac{dv}{dx} + \frac{dn}{dx}\right) \tag{F.2}$$

となる．この式の両辺に $\exp(-qv/kT)$ を掛ければ，

$$J_n \exp\left(-\frac{qv}{kT}\right) = qD_n \left\{-\frac{q}{kT} n \frac{dv}{dx} \exp\left(-\frac{qv}{kT}\right) + \frac{dn}{dx}\exp\left(-\frac{qv}{kT}\right)\right\} \tag{F.3}$$

となる．式 (F.3) の右辺の { } 内は，$n\exp(-qv/kT)$ の x に関する微係数に相当する．したがって，式 (F.3) は，

$$J_n \exp\left(-\frac{qv}{kT}\right) = qD_n \frac{d}{dx}\left\{n \exp\left(-\frac{qv}{kT}\right)\right\} \tag{F.4}$$

と書ける．ここで境界条件として，

$$x = 0 \text{ で } n = n_n \exp\left(-\frac{qV_{bi}}{kT}\right) \; (= n_0 \text{ とおく}), \; v = 0$$
$$x = x_n \text{ で } n = n_n \approx N_D, \; v = V_{bi} - V \tag{F.5}$$

を考慮して，式 (F.4) を全空乏層にわたって積分すれば，

$$\int_0^{x_n} J_n \exp\left(-\frac{qv}{kT}\right) dx = qD_n \left[n \exp\left(-\frac{qv}{kT}\right)\right]_{n=n_0, v=0}^{n=n_n, v=V_{bi}-V}$$
$$= qD_n \left[n_n \exp\left\{-\frac{q(V_{bi}-V)}{kT}\right\} - n_0\right]$$

$$= qD_n N_D \exp\left(-\frac{qV_{bi}}{kT}\right) \left\{\exp\left(\frac{qV}{kT}\right) - 1\right\} \tag{F.6}$$

となる．一方，左辺において電流の連続性を考慮すれば，J_n は定数であり，また，空乏層の電位とその幅は，式 (5.4) の左辺を v に変え，かつ式 (5.5) の V_{bi} を $V_{bi} - V$ に変えて，

$$v = -\frac{qN_D}{\varepsilon_s}\left(\frac{1}{2}x^2 - x_n x\right), \quad W = x_n = \sqrt{\frac{2\varepsilon_s(V_{bi} - V)}{qN_D}} \tag{F.7}$$

であるから，これらを代入して積分すればよい．しかし，この積分は簡単にはできない．そのため，電位 v の微係数から得られる

$$dx = \frac{\varepsilon_s}{qN_D}\frac{1}{(x_n - x)}dv \tag{F.8}$$

の代わりに，その近似として，$x = 0$ における電位勾配から得られる

$$dx = \frac{\varepsilon_s}{qN_D x_n}dv \tag{F.9}$$

を用いれば，式 (F.6) の左辺は，

$$J_n \int_0^{x_n} \exp\left(-\frac{qv}{kT}\right)dx \approx J_n \frac{\varepsilon_s}{qN_D x_n}\int_0^{V_{bi} - V}\exp\left(-\frac{qv}{kT}\right)dv$$
$$= -J_n \frac{kT\varepsilon_s}{q^2 N_D x_n}\left[\exp\left(-\frac{qv}{kT}\right)\right]_0^{V_{bi} - V} \tag{F.10}$$

となる．式 (F.10) に $v = V_{bi} - V$ を代入したとき，指数関数部分の値は小さいのでこれを無視し，x_n に式 (F.7) を代入すれば，式 (F.10) の近似として，

$$J_n \frac{kT}{q}\left\{\frac{\varepsilon_s}{2qN_D(V_{bi} - V)}\right\}^{1/2} \tag{F.11}$$

を得る．したがって，式 (F.10) と式 (F.6) より電流－電圧特性の式として式 (5.8) と式 (5.9) が導出される．

なお，n 型半導体の不純物濃度が高く空乏層幅が狭いときには，この拡散理論は成り立たない．その代わりに，二極管理論とよばれる考え方を用いることになる．その場合も，結論として，電流－電圧特性は式 (5.8) と同じ形になる．一方で，逆飽和電流の式は異なる形になるが，詳細は省略する．

付　録 **G**

バイポーラトランジスタの電流利得に関する補足

G.1 **H**パラメータの表記

　ベース接地およびエミッタ接地の電流利得として，本書ではα_0，β_0などの記号を用いている．しかし，Hパラメータを用いる方法もあるので，対応関係を表G.1に整理しておく．

表 G.1　バイポーラトランジスタの電流利得の記号

電流利得	本書の記号	H パラメータ
ベース接地電流利得（直流）	α_0	h_{FB}
ベース接地電流利得（交流）	α_0'	h_{fb}
エミッタ接地電流利得（直流）	β_0	h_{FE}
エミッタ接地電流利得（交流）	β_0'	h_{fe}

　Hパラメータは，図G.1に示す2端子対回路の入出力端子の電圧と電流の関係を記述する行列の一つである，ハイブリッド行列を構成する行列要素である．ハイブリッド行列を用いると，2端子対回路の電圧と電流の関係は次式で与えられる．

$$\begin{bmatrix} V_1 \\ I_2 \end{bmatrix} = \begin{bmatrix} h_i & h_r \\ h_f & h_o \end{bmatrix} \begin{bmatrix} I_1 \\ V_2 \end{bmatrix} \tag{G.1}$$

右辺の行列をハイブリッド行列といい，四つの行列要素をHパラメータという．その定義は以下のとおりである．

$$h_i = \frac{V_1}{I_1}\bigg|_{V_2=0} \quad \text{出力端子短絡時の入力インピーダンス}$$

$$h_r = \frac{V_1}{V_2}\bigg|_{I_1=0} \quad \text{入力端子開放時の帰還電圧利得}$$

$$h_f = \frac{I_2}{I_1}\bigg|_{V_2=0} \quad \text{出力端子短絡時の電流利得}$$

$$h_o = \frac{I_2}{V_2}\bigg|_{I_1=0} \quad \text{入力端子開放時の出力アドミタンス}$$

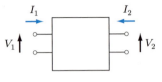

図 G.1 2端子対回路

添字の大文字/小文字で直流と交流を区別する．また，添字の「b」と「e」で接地方式を区別する．たとえば，交流のエミッタ接地電流利得であれば h_{fe} と表す．

トランジスタ各部の電圧と電流は比例関係ではない．すなわち，オームの法則が成り立たない．しかし，交流信号の振幅が微小なときに，その小さい変化の範囲ではオームの法則が成り立つと近似できるので，トランジスタ各部の動作を H パラメータを用いて線形回路として表現すれば，動作解析がとても容易になる．この近似を小信号等価回路とよぶ．なお，コレクタ接地の電流利得は，h_{FC}, h_{fc} と添字を変更して表記できるが，コレクタ接地の回路解析はエミッタ接地の H パラメータ h_{FE}, h_{fe} を用いて行うことができる．詳細は長くなるので，電子回路の解説書を参考にしてほしい．

G.2 高周波特性の計算

エミッタ接地の電流利得の周波数特性は，低周波であれば $\beta_0 = \beta_0'$ ($h_{FE} = h_{fe}$) であるが，高周波領域ではベース輸送効率の低下によって電流利得は低下してしまう．ベース輸送効率の周波数依存性 α_T' は式 (6.15) に示したが，その導出方法を以下に示す．

p^+np 型バイポーラトランジスタのエミッタ–ベース間に順方向バイアス電圧 V_{EB} と交流信号 $v_e (\ll V_{EB})$ が重畳されている．$x = 0$ での正孔密度は，式 (6.8) より次式で与えられる．

$$p_n(0, t) = p_{n0} \exp\left\{ \frac{q(V_{EB} + v_e e^{j\omega t})}{kT} \right\} \tag{G.2}$$

ここに，ω は交流信号 v_e の角周波数である．v_e が小信号であるから

$$\exp\left(\frac{q v_e e^{j\omega t}}{kT} \right) \approx 1 + \frac{q v_e}{kT} e^{j\omega t} \tag{G.3}$$

と近似できるので

$$p_n(0, t) = p_{n0} \exp\left(\frac{qV_{EB}}{kT} \right) \left(1 + \frac{q v_e}{kT} e^{j\omega t} \right)$$
$$= p_n(0) + p_n'(0) e^{j\omega t} \tag{G.4}$$

と直流および交流成分に分離できる．一方，$x = L_B$ においてはベース–コレクタ間の

逆方向バイアスのために

$$p_n(L_B) = 0, \quad p'_n(L_B) = 0 \tag{G.5}$$

となる.

時間に依存する正孔密度分布 $p_n(x, t)$ は，つぎの時間を含む拡散方程式より求めることができる.

$$\frac{\partial p_n(x, t)}{\partial t} = -\frac{p_n(x, t) - p_{n0}}{\tau_p} + D_p \frac{\partial^2 p_n(x, t)}{\partial x^2} \tag{G.6}$$

このとき

$$p_n(x, t) = p_n(x) + p'_n(x) e^{j\omega t} \tag{G.7}$$

を式 (G.6) に代入すると次式を得る.

$$j\omega p'_n(x) e^{j\omega t}$$
$$= -\frac{p_n(x) - p_{n0} + p'_n(x) e^{j\omega t}}{\tau_p} + D_p \left(\frac{d^2 p_n(x)}{x^2} + \frac{d^2 p'_n(x)}{dx^2} e^{j\omega t} \right) \tag{G.8}$$

このうち，直流成分に関しては変化がないので

$$D_p \left(\frac{d^2 p_n(x)}{x^2} \right) - \frac{p_n(x) - p_{n0}}{\tau_p} = 0 \tag{G.9}$$

である．一方，交流成分に関しては，$L_p = \sqrt{D_p \tau_p}$ より

$$\frac{d^2 p'_n(x)}{dx^2} = \frac{1 + j\omega\tau_p}{L_p^2} p'_n(x) \tag{G.10}$$

である.

式 (G.9) と式 (G.10) を比較すると，交流成分の正孔拡散距離は直流成分の $1/\sqrt{1 + j\omega\tau_p}$ 倍になっている．すなわち，高周波になると（$\omega \to$ 大），交流成分の拡散距離が短くなることを意味している.

式 (G.10) を境界条件の式 (G.5) を用いて解くと次式を得る.

$$p'_n(x) \approx \frac{qv_e}{kT} p_{n0} \exp\left(\frac{qV_{EB}}{kT} \right) \frac{\sinh\{(L_B - x)\Delta p/L_p\}}{\sinh(L_B \Delta p/L_p)} \tag{G.11}$$

ただし，$\Delta p = \sqrt{1 + j\omega\tau_p}$ とおいた.

168 付録 G　バイポーラトランジスタの電流利得に関する補足

上式より，エミッタおよびコレクタにおける交流正孔電流密度は次式で与えられる．

$$
\begin{aligned}
i_{pe} &= -qD_p \frac{dp'_n(x)}{dx}\bigg|_{x=0} \\
&\approx \frac{qv_e}{kT} p_{n0} \exp\left(\frac{qV_{EB}}{kT}\right) \frac{\Delta p}{L_p} qD_p \coth\left(\frac{L_B\Delta p}{L_p}\right)
\end{aligned} \tag{G.12}
$$

$$
\begin{aligned}
i_{pc} &= -qD_p \frac{dp'_n(x)}{dx}\bigg|_{x=L_B} \\
&\approx \frac{qv_e}{kT} p_{n0} \exp\left(\frac{qV_{EB}}{kT}\right) \frac{\Delta p}{L_p} qD_p \mathrm{cosech}\left(\frac{L_B\Delta p}{L_p}\right)
\end{aligned} \tag{G.13}
$$

直流特性と同じように，交流のベース接地電流利得 α'_0 を分解すると次式で与えられる．

$$
\alpha'_0 = \frac{\partial i_c}{\partial i_e} \approx \frac{\partial i_{pc}}{\partial(i_{pe}+i_{ne})} = \frac{\partial i_{pe}}{\partial(i_{pe}+i_{ne})}\frac{\partial i_{pc}}{\partial i_{pe}} = \gamma'\alpha'_T \tag{G.14}
$$

ここに，γ' は交流のエミッタ効率，α'_T は交流のベース輸送効率である．式 (G.12),(G.13) より，$i_{pc} = i_{pe}\mathrm{sech}\left(\dfrac{L_B\Delta p}{L_p}\right)$ であるから，交流のベース輸送効率は次式で与えられる．

$$
\begin{aligned}
\alpha'_T &= \frac{\partial i_{pc}}{\partial i_{pe}} = \mathrm{sech}\left(\frac{L_B\Delta p}{L_p}\right) \approx \left\{1 + \frac{1}{2}\left(\frac{L_B\Delta p}{L_p}\right)^2\right\}^{-1} \\
&= \left\{1 + \frac{1}{2}(1 + j\omega\tau_p)\left(\frac{L_B}{L_p}\right)^2\right\}^{-1}
\end{aligned} \tag{G.15}
$$

上式において $\omega = 0$ とすれば，上式は直流のベース輸送効率 α_T となる．すなわち，

$$
\alpha_T = \left\{1 + \frac{1}{2}\left(\frac{L_B}{L_p}\right)^2\right\}^{-1} \tag{G.16}
$$

である．上式を用いて交流のベース輸送効率の式 (G.15) をつぎのように変形する．

$$
\begin{aligned}
\alpha'_T &= \left\{1 + \frac{1}{2}\left(\frac{L_B}{L_p}\right)^2 + j\omega\frac{\tau_p}{2}\left(\frac{L_B}{L_p}\right)^2\right\}^{-1} = \left\{\alpha_T^{-1} + j\omega\frac{\tau_p}{2}\left(\frac{L_B}{L_p}\right)^2\right\}^{-1} \\
&= \alpha_T\left\{1 + j\omega\frac{\tau_p}{2}\left(\frac{L_B}{L_p}\right)^2\alpha_T\right\}^{-1}
\end{aligned} \tag{G.17}
$$

よって，α'_T の大きさを $\alpha_T/\sqrt{2}$ とする遮断角周波数 ω_a は次式で与えられる．

$$
\omega_a = \frac{2}{\tau_p\alpha_T}\left(\frac{L_p}{L_B}\right)^2 \tag{G.18}
$$

演習問題の解答

第1章

1.1 フラーレン（C_{60}，C_{70} など），カーボンナノチューブ，カーボンナノピーポット，グラフェンなど．それぞれの物性については略．

1.2 単結晶：結晶内のどの位置でも原子配列が規則正しく均質にそろっているもの．格子欠陥が少ない．
多結晶：微小な単結晶の集合体．それぞれの微小単結晶の向きは不規則で，隙間に粒界をつくる．
非晶質：原子や分子が不規則に集合している物質．ガラス，ゴムなど．

1.3 Si は $1.11\,\mathrm{eV}$，Ge は $0.66\,\mathrm{eV}$，GaAs は $1.47\,\mathrm{eV}$，GaSb は $0.75\,\mathrm{eV}$，GaN は $3.4\,\mathrm{eV}$，CdTe は $1.56\,\mathrm{eV}$，ダイヤモンドは約 $6\,\mathrm{eV}$．

1.4 As は V 族の元素なので，Si や Ge などの IV 族元素は As と置換すると価電子が 1 個不足するのでアクセプタとしてはたらく．ちなみに，III 族元素である Ga と置換すると価電子が余るためドナーとしてはたらくので，このときの As は両性不純物とよばれる．

1.5 $0.0259\,\mathrm{eV}$

1.6 温度上昇により原子振動の振幅が増加して原子どうしの間隔が大きくなるため．

1.7 $E_g^{\mathrm{Si}}(100\,\mathrm{K}) = 1.16\,\mathrm{eV}$，$E_g^{\mathrm{Si}}(300\,\mathrm{K}) = 1.11\,\mathrm{eV}$，$E_g^{\mathrm{Si}}(500\,\mathrm{K}) = 1.07\,\mathrm{eV}$
$E_g^{\mathrm{GaAs}}(100\,\mathrm{K}) = 1.50\,\mathrm{eV}$，$E_g^{\mathrm{GaAs}}(300\,\mathrm{K}) = 1.47\,\mathrm{eV}$，$E_g^{\mathrm{GaAs}}(500\,\mathrm{K}) = 1.33\,\mathrm{eV}$

第2章

2.1 $0.039\,\mathrm{eV}$

2.2 解図 2.1 の計算例を参照．

2.3 $1.10 \times 10^{18}\,\mathrm{cm}^{-3}$

2.4 $2.59 \times 10^{14}\,\mathrm{cm}^{-3}$

2.5 n 型半導体のとき：$p_{n0} = \dfrac{n_i^2}{N_D}$，p 型半導体のとき：$n_{p0} = \dfrac{n_i^2}{N_A}$

第3章

3.1 $n_i = 10^{10}\,\mathrm{cm}^{-3}$，$\rho = 3.12\,\Omega\cdot\mathrm{cm}$

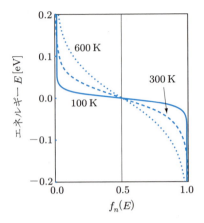

解図 2.1　フェルミ・ディラック分布関数の計算例

3.2　$1.83 \times 10^3 \text{ cm}^2/\text{V·s}$

3.3　$48.3 \text{ }\Omega\text{·cm}$

3.4　$n = 2.5 \times 10^{13} \text{ cm}^{-3}$, $p = 1.6 \times 10^9 \text{ cm}^{-3}$

3.5　$3 \times 10^{11} \text{ cm}^{-3}$

3.6　$G\tau_n \left\{1 - \exp\left(-\dfrac{t}{\tau_n}\right)\right\}$

3.7　$Q_p = q \displaystyle\int_0^\infty (p(x) - p_{n0})dx = q(p'_n - p_{n0})L_p$

3.8　解表 3.1 に示す.

解表 3.1　各種半導体の μ_n, μ_p, 比誘電率

半導体	μ_n (cm^2/V·s)	μ_p (cm^2/V·s)	比誘電率
Si	1500	500	11.8
GaAs	8500	320	12.4
GaSb	3750	680	15.7
InP	5900	150	12.6
CdTe	1050	100	10.2

第 4 章

4.1　300 K のとき：$V_{bi} = 0.54 \text{ V}$, $x_n = x_p = 0.84 \text{ μm}$, $W = 1.68 \text{ μm}$, $\mathcal{E}_{\max} = -6.44 \times 10^3 \text{ V/cm}$, $C_j = 6.22 \text{ nF/cm}^2$

77 K のとき：$V_{bi} = 1.39 \text{ V}$, $x_n = x_p = 0.43 \text{ μm}$, $W = 0.85 \text{ μm}$, $\mathcal{E}_{\max} = -3.26 \times 10^3 \text{ V/cm}$, $C_j = 0.123 \text{ nF/cm}^2$

4.2 順方向バイアス 0.3 V 印加のとき：$V_{bi} - V = 0.240$ V, $x_n = x_p = 0.56$ μm, $W = 1.12$ μm, $\mathcal{E}_{\max} = -4.29 \times 10^3$ V/cm, $C_j = 9.33$ nF/cm^2
逆方向バイアス 0.3 V 印加のとき：$V_{bi} - V = 0.840$ V, $x_n = x_p = 1.05$ μm, $W = 2.09$ μm, $\mathcal{E}_{\max} = -8.03 \times 10^3$ V/cm, $C_j = 4.99$ nF/cm^2

4.3 $V_{bi} = 0.421$ V, $x_n = 10.4$ μm, $x_p = 0.104$ μm, $W = 10.5$ μm, $\mathcal{E}_{\max} = -8.00 \times 10^2$ V/cm, $C_j = 0.992$ nF/cm^2
順方向バイアス 0.3 V 印加のとき：$V_{bi} - V = 0.121$ V, $x_n = 0.0559$ μm, $x_p = 5.59$ μm, $W = 5.65$ μm, $\mathcal{E}_{\max} = -4.29 \times 10^2$ V/cm, $C_j = 1.85$ nF/cm^2
逆方向バイアス 0.3 V 印加のとき：$V_{bi} - V = 0.721$ V, $x_n = 0.136$ μm, $x_p = 13.6$ μm, $W = 13.8$ μm, $\mathcal{E}_{\max} = -1.05 \times 10^3$ V/cm, $C_j = 0.758$ nF/cm^2

第 5 章

5.1 $W = 0.280$ μm, $\mathcal{E}_{\max} = -4.29 \times 10^4$ V/cm, $C_j = 0.373$ nF/cm^2
5.2 $W = 0.198$ μm, $\mathcal{E}_{\max} = -3.03 \times 10^3$ V/cm, $C_j = 0.528$ nF/cm^2
5.3 $W = 0.343$ μm, $\mathcal{E}_{\max} = -5.25 \times 10^3$ V/cm, $C_j = 0.305$ nF/cm^2

第 6 章

6.1 解図 6.1 参照．印加電圧 V_{EB}, V_{CB} の極性が逆になり，3 端子電流 I_E, I_B および I_C の向きも逆になる．主役となるキャリアは電子になり，エミッタから供給されてコレクタへと流れる．すなわち，主役となるキャリアの流れる向きは p$^+$np 型と同じである．各電流成分は

I_{EN}：エミッタからベースに注入される電子電流（主役）
I_{CN}：ベースに注入された電子のうちコレクタに到達した電子電流（主役）
I_{EP}：ベースからエミッタに注入された正孔電流

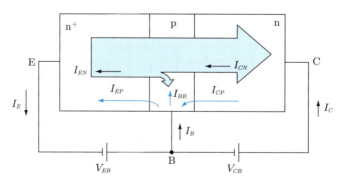

解図 6.1 n$^+$pn バイポーラトランジスタの印加電圧の向き，および電流とキャリアの流れ

I_{CP}：ベース-コレクタ間の逆飽和電流（エミッタ開放時）

I_{BB}：電子との再結合で消滅したベース中の正孔を補充するための正孔電流

6.2　9, 99, および 999.

6.3　$f_{ab} = 1.68\,\mathrm{MHz}$, $f_{ae} = 83.8\,\mathrm{kHz}$, $f_T = 1.59\,\mathrm{MHz}$

第 7 章

7.1　解図 7.1 参照．すべての印加電圧の極性が n 型チャネルの場合と逆になり，ドレイン電流の流れる向きも逆になる．すなわち，チャネルが p 型，ゲート部が n 型なので，空乏層を広げるためにはゲート電圧を正の値にする．さらに，キャリア（正孔）はソースから供給されドレインへ向かって流れるので，ソースが接地されていればドレイン電圧は負の値である．ただし，キャリアの流れの向きは，ソースから供給されドレインへ向かうので，n 型チャネルと同じである．

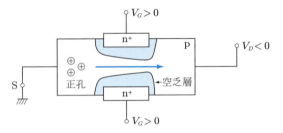

解図 7.1　p 型チャネルの接合型 FET における印加電圧の向き，および電流とキャリアの流れ

7.2　線形領域のドレイン特性の式 (7.6) を偏微分すればよいので，チャネルコンダクタンスは

$$g_D = \frac{\partial I_D}{\partial V_D} = g_{m0}\left\{1 - \left(\frac{2\varepsilon_s}{qN_Da^2}\right)^{1/2}(V_D + V_{bi} - V_G)^{1/2}\right\}$$

同様に，相互コンダクタンスは

$$g_m = \frac{\partial I_D}{\partial V_G} = g_{m0}\left(\frac{2\varepsilon_s}{qN_Da^2}\right)^{1/2}\left\{(V_D + V_{bi} - V_G)^{1/2} - (V_{bi} - V_G)^{1/2}\right\}$$

となる．

7.3　$V_{bi} = 0.84\,\mathrm{V}$, $V_{p0} = 3.83\,\mathrm{V}$, $V_p = 2.99\,\mathrm{V}$, $g_{m0} = 3.60 \times 10^{-3}\,\mathrm{S}$, $I_{Dsat} = 2.52\,\mathrm{mA}$, $f_T = 108.0\,\mathrm{MHz}$

7.4　アインシュタインの関係式より，温度上昇により拡散係数の値は増加し，一方，移動度の値は低下する．したがって，バイポーラトランジスタのコレクタ電流

演習問題の解答 | 173

は温度上昇により増加し，FET のドレイン電流は減少する傾向にある．

7.5 バイポーラは，温度上昇によるコレクタ電流の増加がさらに温度上昇を引き起こす「熱暴走」という現象を生じてしまうため，最悪の場合，素子が破壊されてしまう．一方，FET は温度上昇によりドレイン電流は減少し，ほかの FET に分配される．そのため，熱暴走を防ぐように動作し，全体の安定は保たれる．このとこから，FET は並列接続に適していると言える．

第 8 章

8.1 $V_F = 0.348\,\mathrm{V}$, $q\phi_{ms} = -0.67\,\mathrm{eV}$, $y_{D\mathrm{max}} = 0.301\,\mu\mathrm{m}$, $Q_B = -4.82 \times 10^{-8}$ $\mathrm{C/cm}^2$, $C_{ox} = 3.36 \times 10^{-8}\,\mathrm{F/cm}^2$, $V_{FB} = -1.15\,\mathrm{V}$, $V_T = 0.981\,\mathrm{V}$

8.2 厚さ L_{ox} の酸化膜中に単位体積あたりの電荷密度分布 $\sigma(y)$ があるとき，電荷量は

$$Q_{ox} = q \int_0^{L_{ox}} \frac{y}{L_{ox}} \sigma(y) dy$$

で求められる．これにより生じる電位差を V_{FB} とすれば，$Q_{ox} = C_{ox} V_{FB}$ であり，電界の向きと y 座標の原点に注意すれば与えられた式となる．

第 9 章

9.1 式 (9.6) を V_D および V_G で偏微分すればよい．

$$g_{Ds} = \frac{\partial I_D}{\partial V_D} = 0$$
$$g_{ms} = \frac{\partial I_D}{\partial V_G} = \frac{Z\mu_n C_{ox}}{L}(V_G - V_T)$$

9.2 $I_D = \dfrac{Z\mu_n C_{ox}}{2L} V_D^2$

9.3 $V_p = 4\,\mathrm{V}$, $I_{D\mathrm{max}} = 3.76\,\mathrm{mA}$, $g_{ms} = 1.88\,\mathrm{mS}$, $f_T = 445\,\mathrm{MHz}$

9.4 線形領域のドレイン特性の式 (9.5) を偏微分すればよい．

$$g_D = \frac{\partial I_D}{\partial V_D} = \frac{Z\mu_n C_{ox}}{L}(V_G - V_T - V_D) \tag{9.1}$$

この式において，$V_G \approx 0\,\mathrm{V}$ であるとき，$g_D \approx 0$ であれば $V_G \approx V_T$ であることは容易にわかる．

9.5 オン状態の動作点は線形領域にあるため．

第10章

10.1 空乏層容量は K，回路遅延時間は $1/K$，回路密度は K^2，電力密度は変化なし．

第11章

11.1 式 (11.8) を V_D で偏微分すればよい．

$$g_D = \frac{\partial I_D}{\partial V_D} = I_p \left\{ \frac{1}{V_p} - \frac{1}{V_p} \left(\frac{V_D + V_G + V_{bi}}{V_p} \right)^{1/2} \right\} \quad (11.1)$$

11.2 $V_G = 0\,\mathrm{V}$ のとき：$V_p = 2.12\,\mathrm{V}$, $I_{D\mathrm{sat}} = 0.616\,\mathrm{mA}$
$V_G = -0.5\,\mathrm{V}$ のとき：$V_p = 1.62\,\mathrm{V}$, $I_{D\mathrm{sat}} = 0.342\,\mathrm{mA}$
$V_G = -1.0\,\mathrm{V}$ のとき：$V_p = 1.12\,\mathrm{V}$, $I_{D\mathrm{sat}} = 0.157\,\mathrm{mA}$
計算例のグラフを解図 11.1 に示す．

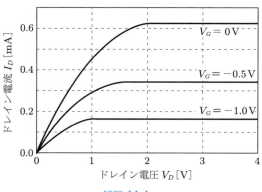

解図 11.1

索引

欧字

CMOS　135
E/D 型　134
E/E 型　133
FET　101
H パラメータ　165
JFET　101
MESFET　139
MISFET　111
MOSFET　111, 125
MOS ダイオード　111
MS 接合　67
NOT 回路　132
n 型半導体　10
pn 接合　43
p^+n^+ 接合　160
pnpn スイッチ　96
p 型半導体　10

あ行

アインシュタインの関係式　33
アクセプタ　11
アクセプタ準位　11
アノード　95
アーリー効果　86
アーリー電圧　87
イオン化　10
イオン化エネルギー　10
一定電界縮小則　138
移動度　25
インバータ回路　132
エサキダイオード　161
エネルギー準位　5
エネルギー等配則　33
エミッタ　75
エミッタ効率　80
エミッタ接地　85

エミッタ接地遮断角周波数　90
エミッタ接地遮断周波数　91
エミッタ接地電流利得　80
エレクトロンボルト　8
エンハンスメント型　129
オフ状態　85, 93
オーミック接触　72
オン状態　84, 93

か行

外因性半導体　8
階段接合　43
拡散　31
拡散係数　32
拡散長　31
拡散容量　65
過剰キャリア　34
過剰少数キャリア寿命　37
カソード　95
片側階段接合　52
活性モード　76
価電子　7
価電子帯　7
間接再結合　34
間接遷移型半導体　34, 155
逆動作（逆活性）モード　83
逆方向バイアス　55, 57
逆飽和電流　63
キャリア　8, 9
キャリア密度　13
許容帯　7
キルヒホッフの法則　79
禁制帯　7
空間電荷領域　46
空乏　113
空乏層　46
空乏層容量　54

索 引

駆動 MOS　133
クローニッヒ・ペニーモデル　148
結晶構造　1
結晶軸　154
ゲート　101
高移動度電界効果トランジスタ　159
格子（フォノン）散乱　27
コレクタ　75

さ行

再結合　31
再結合中心　38
再結合割合　35
サイリスタ　95
時間を含まない一次元シュレーディンガー方程式
　148
しきい値電圧　119
仕事関数　67
実効再結合割合　36
質量作用則　19
遮断モード　83
主量子数　5
シュレーディンガー方程式　148
順方向阻止状態　97
順方向導通状態　98
順方向バイアス　55, 57
小信号等価回路　166
少数キャリア　12
状態密度　13
衝突電離過程　41
障壁層　150
ショットキー障壁　69
ショットキー接合　72
真空準位　67
真性キャリア密度　18
真性半導体　8
真性フェルミ準位　18
スイッチング時間　93
制御整流器　95
正孔　8
正孔再結合電流　62
生成割合　35
整流性　57

接合型 FET　101
絶対温度　14
線形領域　105
ソース　101

た行

多数キャリア　12
ターンオフ　98
ターンオフ時間　95
ターンオン　98
ターンオン時間　95
短チャネル効果　138
蓄積　113
チャネル　101
直接再結合　34
直接再結合割合　35
直接遷移型半導体　34, 155
対生成　9
強い反転　118
デプレッション型　130
電圧の分配則　55
電気伝導度　29
電子再結合電流　62
電子親和力　67
伝導帯　7
伝導電子　7
ドナー　10
ドナー準位　10
ドーピング　11
トランジスタ　75
トランジスタ作用　78
トランジッション周波数　91
ドリフト　25
ドレイン　101
ドレイン特性　104
トンネル効果　150, 160
トンネルダイオード　161
トンネル電流　161

な行

内蔵電位　46
なだれ降伏　41
熱平衡状態　13
ノーマリーオフ型　129

ノーマリーオン型　130

は行
バイポーラトランジスタ　75
パンチスルー　81
反転　113
反転層　118
半導体超格子　162
バンドギャップ　7
比抵抗　29
微分負性抵抗　161
ピンチオフ　104
ピンチオフ曲線　105
ピンチオフ点　104
ピンチオフ電圧　104
フェルミ準位　14
フェルミ・ディラック分布関数　14
負荷 MOS　133
不純物散乱　27
不純物半導体　8
フラットバンド電圧　123
ブレークオーバー電圧　98
平均緩和時間　25
平均自由行程　25
ベース　75
ベース接地　77
ベース接地遮断角周波数　89
ベース接地遮断周波数　91

ベース接地電流利得　79
ベース幅変調効果　87
ベース輸送効率　80
ヘテロ接合　158
ヘテロバイポーラトランジスタ　159
ポアソン方程式　43
ボーアの量子条件　4
ボーア半径　6
飽和ドリフト速度　41
飽和モード　83
飽和領域　105
ホール　8
ホール係数　31
ホール効果　30
ボルツマン定数　14
ホール電圧　30
ホール電界　30

ま行
ミラー効果　89

や行
有効質量　13, 153
有効状態密度　16
弱い反転　118

ら行
量子井戸　148
励起　7

著 者 略 歴

大谷　直毅（おおたに・なおき）
　1994 年　北海道大学大学院工学研究科博士後期課程修了　博士（工学）
　　　　　　株式会社エイ・ティ・アール光電波通信研究所 客員研究員
　2001 年　総務省通信総合研究所（現 独立行政法人情報通信研究機構）
　　　　　　光エレクトロニクスグループリーダー
　2005 年　同志社大学工学部 助教授
　2011 年　同志社大学理工学部 教授
　　　　　　現在に至る

　専　　門　半導体光デバイス，光電子物性，ナノ構造の物理とその応用

編集担当　藤原祐介（森北出版）
編集責任　富井　晃（森北出版）
組　　版　藤原印刷
印　　刷　同
製　　本　同

基礎から学ぶ半導体電子デバイス　　　　　　　　Ⓒ 大谷直毅　2019

2019 年 10 月 4 日　第 1 版第 1 刷発行　　【本書の無断転載を禁ず】
2021 年 4 月 5 日　第 1 版第 2 刷発行

著　　　者　大谷直毅
発 行 者　森北博巳
発 行 所　森北出版株式会社
　　　　　　東京都千代田区富士見 1-4-11（〒102-0071）
　　　　　　電話 03-3265-8341／FAX 03-3264-8709
　　　　　　https://www.morikita.co.jp/
　　　　　　日本書籍出版協会・自然科学書協会　会員
　　　　　　JCOPY ＜（一社）出版者著作権管理機構 委託出版物＞

落丁・乱丁本はお取替えいたします．

Printed in Japan ／ ISBN978-4-627-77621-0